DES PONTS
EN FIL DE FER.

DE L'IMPRIMERIE DE CRAPELET.

DES PONTS
EN FIL DE FER,

PAR

SEGUIN AÎNÉ,

D'ANNONAY.

A PARIS,

CHEZ BACHELIER, LIBRAIRE,

QUAI DES AUGUSTINS, N° 55.

1824.

A
MONSIEUR BECQUEY,

CONSEILLER D'ÉTAT,

DIRECTEUR GÉNÉRAL DES PONTS ET CHAUSSÉES.

Monsieur,

Permettez que j'aie l'honneur de vous offrir le fruit de mes premiers travaux, dans une carrière où je regarde quelques légers succès déjà obtenus, comme dus aux communications que j'ai eues avec les divers membres du corps des ponts et chaussées dont vous êtes le chef.

L'accueil favorable que vous avez bien voulu accorder au nouveau système de ponts suspendus que nous avons eu l'honneur de vous présenter, et la bienveillance que j'ai trouvée auprès des ingénieurs chargés de discuter ce système dans l'application que j'en ai proposée pour le pont à établir sur le Rhône, entre Tain et Tournon, me font espérer que vous daignerez accepter ce faible tribut de ma reconnaissance.

Je suis avec respect,

Monsieur le Directeur général,

Votre très humble et très obéissant serviteur,

SEGUIN aîné.

AVIS.

Pendant l'impression de cet ouvrage, notre projet du pont suspendu a été mis sous les yeux du Conseil général des ponts et chaussées, qui n'a élevé aucune objection contre ses dispositions, et a même déclaré que la manière dont il était conçu et l'expérience que nous avions déjà acquise dans ce genre de construction, devaient inspirer assez de confiance pour qu'on pût nous autoriser à l'exécuter sur le Rhône, entre les villes de Tain et de Tournon.

L'avis du Conseil, donné dans des termes plus favorables pour nous, que nous ne le rapportons ici, en nous chargeant d'une sorte de responsabilité, nous a fait sentir la nécessité de ne rien négliger pour justifier la confiance qu'on nous témoignait, et pour perfectionner le système que nous avons adopté. En conséquence l'un de nous, notre sieur Seguin aîné, a entrepris un voyage en Angleterre, où plusieurs ponts suspendus à des chaînes en fer ont été établis; il y a vu les hommes distingués qui ont dirigé ces constructions, a discuté avec eux les dispositions de notre projet, et notamment celle qui substitue à des chaînes, des faisceaux en fil de fer pour supporter le pont; et nous avons maintenant la certitude de nous être aidés dans notre travail de tous les moyens que la prudence pouvait indiquer pour assurer le succès de notre entreprise; nous pouvons même dire que nous avons le bonheur de nous être rencontrés, sur presque tous les points, avec les hommes éclairés qui ont bien voulu s'occuper de notre système avec notre sieur Seguin aîné.

M. le Directeur général des ponts et chaussées, toujours prêt à favoriser les entreprises dont la France peut tirer de grands avantages, et son administration quelque fruit, vient de nous témoigner de nouveau la protection dont il veut bien honorer nos travaux, en souscrivant à cet ouvrage pour un grand nombre d'exemplaires. Son suffrage, celui de l'Institut, exprimé dans un rapport fait le janvier 1824, celui du Conseil des ponts et chaussées, et la médaille d'argent qui nous a été décernée à l'exposition de 1823, voilà les auspices sous lesquels nous produisons un système qui n'a cessé d'être l'objet de nos méditations et de nos études depuis le 8 décembre 1821, que le *Moniteur* nous apprit qu'il existait en Amérique des ponts suspendus. Nous avions déjà alors l'idée de nous occuper de ce moyen; mais sachant qu'il avait été employé avec succès, nous ne balançâmes pas davantage à l'utiliser dans notre pays; et, le 25 mars 1822, nous présentâmes un projet de passerelle à M. le Directeur général des ponts et chaussées, à établir entre Tain et Tournon, au lieu même où doit être exécuté le projet de pont que le Conseil des ponts a jugé favorablement : c'est sur la demande même de cet administrateur que nous avons substitué à la passerelle, d'abord projetée, un pont propre au passage des voitures.

SEGUIN FRÈRES.

PRÉFACE.

La demande en concession d'un pont en fil de fer sur le Rhône, qu'a faite au Gouvernement notre maison de commerce (*a*), ayant nécessité, entre autres expériences, d'en construire un petit destiné à nous fixer sur quelques questions de pratique, cette singulière construction devint l'objet de la curiosité des habitans de la ville d'Annonay, notre résidence, et des étrangers que leurs affaires y amenaient. Le bruit s'en étant répandu dans les environs, parvint jusqu'à Genève à la connaissance de MM. Pictet et De Candolle, qui, curieux d'examiner eux-mêmes de près cet objet nouveau, se décidèrent à faire le voyage d'Annonay, ce qui nous procura le plaisir de faire la connaissance de ces savans distingués, et

---

(*a*) Sous la raison de Seguin et Cie, composée de cinq frères Seguin, auxquels un père respectable autant qu'éclairé a fait donner, à Paris, une éducation assez soignée pour les mettre à même de pouvoir suivre avec fruit les goûts qu'ils avaient puisés auprès de Montgolfier leur oncle, qui, pendant leur séjour à Paris, leur a successivement tenu lieu du plus tendre des pères.

valut à notre pont la faveur d'être décrit dans le numéro du mois d'octobre 1822, de la *Bibliothéque universelle*.

Mais comme la courte description de M. Pictet, quelque lumineuse qu'elle soit, est insuffisante pour ceux qui désirent construire eux-mêmes des ponts sur ce principe, nous recevons journellement une foule de demandes auxquelles il nous est impossible de répondre, à cause des détails dans lesquels il serait nécessaire d'entrer.

Me trouvant ainsi amené à mettre au jour les idées que je pouvais avoir sur ce nouvel art, je me décide à publier cette Notice, dont j'avais dessein de retarder l'impression jusqu'à ce que j'eusse une plus grande masse de faits, me confiant, pour celles des dispositions que je mets en avant, qui n'ont pas été confirmées par la pratique, aux avis que j'ai reçus de plusieurs ingénieurs des ponts et chaussées, pleins de mérite et de talens, qui, voulant bien m'aider de leurs lumières, ont donné à ces théories tout le degré de certitude dont elles sont susceptibles.

Tout mon temps se trouvant partagé entre la surveillance d'une fabrique de drap et l'application des sciences aux arts utiles, le peu de momens que j'ai pu donner à ce travail n'a pu suffire à faire des recherches exactes sur ce qui avait été fait avant moi

PRÉFACE. 3

à ce sujet. J'espère donc que si, malgré mes soins, il s'y glisse quelques erreurs, le public sera assez indulgent pour les excuser en faveur du désir que j'aurais de pouvoir faire jouir chacun, le plus tôt possible, des avantages de cette utile innovation.

Comme j'écris dans l'intention d'être facilement compris de tout le monde, et surtout pour les particuliers qui voudront faire construire pour leur usage des ponts de petites dimensions, j'éviterai tous les calculs trop compliqués, que je remplacerai par des approximations suffisantes dans la pratique. Les hommes de l'art qui voudront faire des entreprises publiques trouveront, dans les expériences que je citerai en notes, quelques faits qui pourront leur être utiles : mais je n'ai point la prétention de vouloir leur donner, comme des règles à suivre, les dispositions que j'ai indiquées, et qui, prises par eux-mêmes, vaudraient peut-être beaucoup mieux.

Quoique la construction des ponts suspendus soit très simple en apparence, elle présente cependant, comme tous les objets d'arts nouveaux, une foule de questions à résoudre desquelles dépend leur sûreté.

Le jugement du public, toujours si prompt, et malheureusement souvent si peu raisonné, ne manquerait pas d'attribuer les accidens qui pourraient arriver au principe même de la chose, tandis qu'il faudrait en accuser le manque de calcul, ou des dispositions vicieuses. Sans espérer de pouvoir toutes les faire éviter, j'espère que ceux qui me liront y joindront leurs propres lumières, et contribueront ainsi à la solution complète d'un problème qui peut avoir de nombreuses et utiles applications.

DES PONTS EN FIL DE FER.

CHAPITRE PREMIER.

ORIGINE ET PROPAGATION DES PONTS SUSPENDUS.

Il serait sans doute difficile de désigner l'époque à laquelle on a commencé à construire des ponts suspendus, parce que cet art a dû s'introduire avec l'usage des cordes, dont il n'est qu'une application très simple.

Faustus Vérentius, dans un ouvrage écrit en latin en 1625, décrit les ponts suspendus, à peu de chose près, tels qu'ils ont été exécutés depuis, en entrant dans le détail des deux cas où le passage est établi directement sur les chaînes, ou celui auquel le plancher y est suspendu par des cordes verticales. (*a*)

(*a*) Ce renseignement m'a été donné par M. Molard, membre de l'Institut, qui, en me communiquant l'ouvrage de Faustus Vérentius, a bien voulu me faire part de plusieurs observations utiles qu'il a faites au sujet de la force des fils de fer et d'acier.

Les plus anciens dont l'histoire fasse mention sont ceux de liane (*a*), dont se servaient les Américains à l'arrivée des Européens dans les Indes occidentales, et ceux de la Chine et de l'Indostan, où il en existe en très grand nombre, et un entre autres, suivant le major Rennel, de 600 pieds. (*b*)

Le premier dont il soit fait mention en Europe, sur ce principe, est celui dont parle Hutchinson (*c*); il consiste en deux chaînes de fer sur lesquelles on a établi un petit plancher de deux pieds de large pour le passage des piétons : on croit que sa construction remonte aux environs de 1741.

Ce pont de 70 pieds de long, muni, d'un côté seulement, d'une main courante, éprouve un balancement considérable qui effraie ceux qui n'ont pas l'habitude de le fréquenter, vu que, suspendu à plus de 60 pieds au-dessus d'un torrent qui se précipite en cascades, l'œil contemple avec effroi l'abîme ouvert au-dessous de lui.

L'Amérique anglaise, qui depuis quelques années a fait dans les arts des progrès si rapides, nous a donné la première l'exemple de ponts suspendus d'une grande dimension, et servant à tous les usages. M. Pope (*d*), dans son *Traité des Ponts*, publié

(*a*) *Bibliothéque universelle*, octobre 1822, fol. 123.
(*b*) *Idem*, novembre 1822, fol. 194.
(*c*) *Idem*.
(*d*) *Idem*, fol. 195.

en 1811, en cite huit de ce genre établis dans l'espace de trois ans, parmi lesquels on remarque la description de celui qui sert à traverser la rivière Merimas dans l'état de Massachusset, de 244 pieds, et pouvant supporter un poids de 500,000 kilog.

Sa largeur de 30 pieds est divisée en trois parties par les quatre rangs de chaînes qui le supportent; les deux voies extrêmes sont destinées aux voitures, qui, par cette disposition, ne peuvent jamais se rencontrer; et celle du milieu offre aux piétons un passage commode et à l'abri de tout accident.

L'Angleterre, si éclairée sur les applications des sciences aux arts industriels, a été la première à faire rétrograder du nouveau Monde les lumières qu'elle y avait apportées; et cet art a reçu, entre les mains de M. Telford, un degré d'extension auquel il eût été difficile d'imaginer qu'il pût être porté. (*a*)

En effet, nous ne nous arrêterons pas ici à citer le pont de l'Union sur la Tweed, de 360 pieds de long, construit en 1820, dans l'espace de onze mois, mais bien la vaste entreprise qui a pour but de traverser un bras de mer, le détroit de Menai, qui sépare l'île d'Anglesey du comté de Carnarvon.

(*a*) *Annales de l'Industrie nationale et étrangère*, mars 1821, fol. 158.

Les besoins de la navigation active, qui a lieu sur ce point, exigent que le pont soit élevé de 100 pieds au-dessus du niveau de la mer, pour que les bâtimens puissent passer dessous à pleines voiles; d'un autre côté, les deux culées, ne pouvant être établies qu'à 560 pieds de distance l'une de l'autre, nécessitent l'établissement d'une arche de cette dimension.

Cet immense travail, qui doit être terminé au moment où je parle, sera suivi d'une entreprise encore plus vaste, si l'on donne suite au projet d'établir, sur la rivière Mersey à Runcorn, le pont de 1000 pieds, proposé par M. Telford. (*a*)

C'est dans cet état de choses que nous avons cherché à introduire en France ce nouvel art. M. Plagniol, ingénieur du département de l'Ardèche, m'ayant souvent entretenu des avantages qu'il y aurait à pouvoir procurer aux piétons un passage plus commode que celui des bacs, je me décidai, sur son invitation, à me livrer à une suite de calculs et d'expériences dont les résultats furent si satisfaisans, que nous n'hésitâmes pas à demander au Gouvernement l'autorisation d'établir un pont en fil de fer à l'usage des piétons, pour remplacer le bac sur le Rhône, entre Tain et Tournon.

Notre projet, très bien accueilli des ponts et

(*a*) *Annales de l'Industrie nationale et étrangère*, mars 1821, fol. 158.

chaussées, nous fut renvoyé accompagné de plusieurs notes judicieuses, et d'une invitation d'en présenter un nouveau qui pût servir à tous les usages, même au passage des plus lourdes voitures : ce nouveau projet, que nous nous sommes aussitôt empressés de rédiger, a reçu de l'administration l'accueil le plus flatteur, et suit actuellement la marche réglée pour ces sortes d'entreprises. Le grand nombre de ponts suspendus existant actuellement à notre connaissance, ne nous laisse plus aucun doute sur leur réussite : tout se réduit donc à examiner quels sont les cas où un intérêt bien entendu peut les faire préférer aux ponts de pierre ou de bois, usités depuis un temps immémorial.

Un des effets de la civilisation étant d'éclairer chacun sur ses véritables intérêts, les diverses branches d'industrie ont dû être successivement soumises à de nouveaux calculs, à mesure que les besoins et les moyens de les satisfaire augmentaient.

Celui d'établir de faciles communications, se trouvant éminemment dans ce cas, a été l'objet de beaucoup de tentatives, au nombre desquelles se trouve le nouveau mode que nous proposons d'introduire. Ses principaux avantages sont : l'économie, la promptitude d'exécution, et le peu d'obstacles qu'il présente à la navigation.

Le simple particulier, borné à un certain nombre de besoins prévus d'avance, et qu'il sait ne pas être dans le cas de dépasser, peut avec peu de dépense exécuter des constructions qui, avant cette époque, n'auraient pu être l'objet que d'entreprises publiques.

Combien arrive-t-il de fois dans des terrains montagneux, coupés de ravins, ou séparés par des rivières rapides, que le manque de communications prive des familles ou des villages entiers d'une partie des jouissances qu'ils pourraient se procurer, ou aggrave leurs travaux journaliers en les forçant à de longs et pénibles détours! Je citerai l'exemple du petit pont dans ma propriété, qui n'a coûté que 50 francs; il a cependant 55 pieds de long sur 18 pouces de large; et depuis plus d'une année, il n'a pas exigé la moindre réparation, quoiqu'il ait été visité et éprouvé par plus de dix mille personnes qui souvent, malgré mes représentations, s'y sont trouvées en assez grand nombre pour atteindre le poids sous lequel le calcul avait indiqué qu'il aurait pu se briser.

Nous voyons que M. Richard Lecs (a) fit, en 1816, pour les besoins de sa manufacture, un pont de 110 pieds pour 160 livres sterling, malgré l'excessive cherté de la main d'œuvre en Angleterre; et que le pont de l'Union, dont nous avons parlé, a été fait dans l'espace de onze mois, pour la somme de 5000 liv. sterling, 120,000 fr. environ,

---

(a) *Bibliothèque universelle*, novembre 1822, fol. 197.

le quart au plus de ce qu'il aurait coûté par tout autre moyen.

La faculté de pouvoir faire des ponts sans supports (*voyez* notes 1 et suivantes, à la fin), de 300, 500 et jusqu'à 1000 pieds, fait disparaître une des plus grandes difficultés qui s'opposent à la construction des ponts en pierre ou en bois sur les fleuves dont la rapidité ou la profondeur est très considérable, celle d'asseoir solidement des piles au milieu de leur cours. On sait en outre les inconvéniens qui résultent de leur trop grand rapprochement, qui, embarrassant le lit du fleuve, gêne la navigation, resserre l'espace destiné au passage de l'eau, et favorise les affouillemens qui tôt ou tard entraînent la destruction totale de l'édifice.

Les jetées que l'on emploie pour y remédier remplissent bien momentanément leur but; mais elles élèvent à la longue le lit du fleuve, qui, ne trouvant pas dans les crues l'écoulement qui lui est nécessaire, rompt les digues ou autres travaux destinés à le contenir, et se jette dans les terres, en abandonnant son premier lit, surtout s'il n'est pas naturellement bien encaissé.

CHAPITRE II.

CONDITIONS GÉNÉRALES DES PONTS SUSPENDUS.

Il se présente, dans la construction des ponts suspendus, plusieurs questions de mécanique, dont nous allons nous occuper successivement; mais, comme dans le nombre il s'en trouve quelques unes qui demandent des connaissances mathématiques, j'aurai soin de mettre en note tout ce qui pourrait embarrasser les lecteurs qui n'ont pas l'habitude de s'en occuper; j'en ferai de même de quelques expériences sur les fers, que je rapporterai en détail, et que chacun sera maître de consulter, suivant ses besoins, ou l'intérêt qu'il pourra y mettre.

Le premier élément à déterminer est celui du poids que l'on peut suspendre à un fil de fer d'une grosseur connue, sans le briser. On conçoit facilement que, quelle que soit la longueur de ce fil, ce poids sera toujours le même, car s'il avait quelque endroit plus faible, il ne manquerait pas de rompre dans cette partie : en le supposant donc égal partout, la probabilité sera la même pour tous les points.

On fait toujours dans ces expériences abstraction du poids du fil de fer; mais s'il était question de grandes longueurs, il faudrait en tenir compte, et c'est seulement sous ce point de vue que les parties supérieures, chargées de toutes celles qui sont au-dessous, seraient fatiguées de plus de tout le poids de celles-ci.

Les savans qui se sont occupés de cet objet (*a*), portent la force du fil de 2 millimètres de diamètre, un peu moins d'une ligne, à 242 kilog., 500 liv. environ; mais les essais que nous avons faits nous ont donné des résultats bien au-dessous, soit que les qualités de fil de fer sur lesquelles nous avons opéré fussent inférieures, soit que dans leurs expériences ils eussent employé des fils de choix. Quoi qu'il en soit, nous donnerons les résultats tels que nous les avons obtenus, parce que ceux qui ne jugeront pas à propos de faire eux-mêmes des essais sur la force des fils de fer qu'ils veulent employer, s'en tiendront sûrement aux fils qu'on trouve dans le commerce, sur lesquels nous avons fait nos essais, desquels il résulte qu'un fil de fer n° 15, d'une ligne de diamètre, supporte environ 200 kilog. (note 2), et pèse un décagramme le pied, ou un kilogramme tous les 100 pieds.

Connaissant, par ce moyen, le poids que peut soutenir un fil de fer verticalement, il s'agit de déterminer celui qu'il supporterait sous la courbe naturelle qu'il forme, étant assujetti par les deux

---

(*a*) Sikingen, Thenard, 1813, 1 vol., fol. 217.

bouts à des points fixes ; le calcul indique ici que, si la charge était répartie également sur toute la longueur de la courbe, comme on doit le supposer raisonnablement, il ferait un effort qui serait à peu près exprimé par le rapport de huit fois la longueur de la ligne ou flèche qui mesure la courbure à la longueur même du pont (note 3). Pour éclaircir ceci par un exemple, supposons que la rivière qu'on veut traverser nécessite de placer deux culées A, B, (*Fig. II*), à 100 pieds de distance l'une de l'autre ; en établissant les culées à 10 pieds au-dessus du pont, la flèche CD, ou mesure de la courbure, sera également de 10 pieds ; on multipliera donc 10 par 8, et l'on obtiendra 80, qui, étant un cinquième moindre que 100, nous indique que les fils de fer, constituant le pont, ne pourront soutenir, dans cette position, que les $\frac{4}{5}$ de la charge qu'ils supporteraient dans le sens de leur longueur : si donc on avait employé cent fils de fer, après s'être assuré qu'un homme peut se tenir suspendu à chacun d'eux, quatre-vingts personnes, ou un poids équivalent, pourraient se placer sur ces mêmes fils formant une courbe de 10 pieds de flèche, sans les fatiguer davantage.

On voit, d'après cela, que plus on donnera de courbure, et plus, toutes choses égales d'ailleurs, le pont aura de solidité ; et que, si on voulait employer les fils très tendus, il arriverait que le plus léger poids les ferait rompre. Ainsi, dans l'exemple ci-dessus, si au lieu de 10 pieds de flèche on n'en donnait qu'un, le rapport de la résistance deviendrait celui de 1 multipliant 8, ou de 8 à 100; et le même pont, avec cette seule différence, au lieu de quatre-vingts, ne porterait plus que huit personnes.

Il serait difficile de donner des règles précises sur le rapport qui doit exister entre la longueur et la flèche de la courbe qu'on doit employer. Les localités, la dimension des ponts, l'emploi des matériaux dont on se sert pour élever les culées, et beaucoup d'autres circonstances, sont autant de données qui peuvent les faire varier.

Dans quelques unes des plus grandes constructions anglaises, on s'est contenté de donner à la flèche (a) le vingtième de la longueur du pont. Je pense cependant que, pour de petites dimensions, la proportion la plus convenable est entre $\frac{1}{10}$ et $\frac{1}{12}$.

Nous avons toujours supposé que la courbe était également chargée sur toute la longueur. Si cette condition n'existait pas, l'effort sur les fils de fer et les culées serait un peu plus considérable; mais, si l'on observe que le plancher forme la plus grande partie du poids, on s'assurera que l'excès du fardeau, qui pourra se trouver isolément sur chaque point, sera peu de chose comparé à la charge

---

(a) *Annales de l'Industrie nationale et étrangère.*

totale. J'ai cru à propos d'insister sur ces détails, parce que les propriétés de cette courbe, appelée *chaînette*, étant très peu connues, je me suis aperçu que beaucoup de personnes croyaient que la solidité du pont consistait principalement dans une grande tension qu'on donnait aux fils, et me demandaient quelles étaient les machines que j'avais employées pour les tendre au point où ils le supposaient; préjugé qui pourrait avoir les suites les plus funestes, parce qu'il ne manquerait pas d'être suivi des plus prompts accidens.

On voit, d'après cela, que la principale difficulté des ponts suspendus réside dans la connaissance des propriétés de la chaînette (note 4), et que le petit nombre de celles qui ont rapport à cet objet étant bien compris, on peut, avec la connaissance des plus simples règles du calcul, parvenir facilement à déterminer toutes les conditions relatives aux divers cas dans lesquels on peut se trouver. Comme il en est une multitude, je n'entrerai pas dans ce détail, vu que leur construction peut être sujette à une foule de modifications, tant par le choix des matériaux que par les dispositions particulières que chacun pourra prendre suivant les besoins.

Tous les grands ponts en Angleterre sont faits en chaînes de fer; mais n'ayant pas eu encore occasion d'étudier sur les lieux ce mode de construction, je m'abstiendrai d'en parler, présumant que parmi les gens de mérite qui se sont occupés de cet objet, il s'en sera trouvé quelqu'un qui aura traité cette matière, où ceux qui désirent des détails pourront les trouver.

Je me contenterai donc de parler de ceux en fil de fer, dont je me suis beaucoup plus occupé, et qui par cela même ont pu, dans beaucoup de cas, me paraître devoir obtenir la préférence. (*a*)

Lorsque la rivière est encaissée par des rochers un peu élevés, et que l'espace que l'on a à franchir est peu considérable (*Fig. I*), de 60, 80 pieds, par exemple, le moyen le plus simple est d'établir le passage directement sur les cordes, car la dépense des culées devenant nulle par le fait, on peut, en augmentant le nombre des fils, diminuer la flèche de la courbe dans la même proportion, et par ce moyen adoucir assez la pente pour que cette courbe ne soit pas trop fatiguée. Ces sortes de ponts ont toujours assez de balancement, et ne peuvent guère servir qu'aux piétons ou aux animaux qui ont l'habitude d'y passer journellement; mais l'économie, la facilité et la promptitude avec lesquelles on peut les construire peuvent décider à passer par-dessus ces inconvéniens.

(*a*) J'apprends dans ce moment que la ville de Genève vient d'ouvrir au public les premiers ponts suspendus en fil de fer, qui aient encore été faits sur le principe que je propose. Les principales dispositions en furent prises à la suite d'un voyage que j'y fis pour cet objet en décembre 1822.

Le mode le plus généralement usité est celui où le plancher FF (*Fig. II*) est suspendu dans la position horizontale aux câbles en fer ADB, qui forment la chaînette par des cordes verticales en fer.

La communication se fait alors par l'intérieur des culées, au haut desquelles sont fixés les câbles en fer. Ces dispositions ne sont cependant pas de rigueur, et l'on peut dans bien des cas s'en écarter, soit en donnant au plancher telle inclinaison ou telle forme que l'on veut, soit en amarrant les cordes en arrière de l'entrée du pont (*Fig. III*), et établissant le passage en avant de la culée ; disposition dont on trouve un exemple dans le pont de l'Union que nous avons déjà cité.

Si le pont n'a pas une grande masse, il convient de l'arrêter par des amarres AB, CB (*Fig. I*), soit en contre-bas ou sur le côté, de manière à s'opposer le plus possible à la cumulation du mouvement qui produit le balancement. Une tension considérable des fils, ou, ce qui est la même chose, une flèche très légère qu'on donne à la courbe, peuvent remplacer la masse jusqu'à certain point, parce que, comme nous l'avons vu, les poids, quelque légers qu'ils soient, font alors le même effet que s'ils étaient proportionnellement plus considérables.

Toutes les causes qui peuvent tendre à donner un mouvement de balancement sont celles dont on doit le plus craindre l'effet : un vent violent, un régiment d'infanterie allant au pas, sont les plus terribles épreuves qu'aient eu à subir en Angleterre les premiers ponts suspendus; il est même arrivé que le vent en a détruit de fond en comble pour avoir négligé ces précautions, ou employé dans leur construction des dispositions vicieuses. Cet inconvénient, au reste, a lieu, comme on sait, dans tous les cas où les points d'appui sont à une grande distance l'un de l'autre : tout le monde sait qu'en se balançant sur une longue poutre qui n'est soutenue que par ses deux bouts, on finit, quelle qu'en soit la grosseur, par lui procurer un mouvement considérable, quoiqu'elle soit destinée à porter des fardeaux infiniment plus lourds.

Je n'insiste pas davantage sur ces considérations, et je vais entrer dans les détails successifs des principales parties qui doivent constituer un pont suspendu; mais, pour mieux fixer les idées, je prendrai un exemple qui servira pour tous les autres cas, parce qu'il n'y aura que des nombres à changer. Qu'il soit donc question de traverser un fleuve ou une rivière AB (*Fig. II*) de 100 pieds de large, navigable pour les radeaux, et tout au plus pour quelques petites barques de peu d'élévation, et que l'on désire y établir un pont praticable pour les piétons, et sur lequel on puisse au besoin faire passer un cheval en le menant en main, lorsque la rivière est trop forte pour qu'on puisse la traverser à gué sans danger.

CHAPITRE III.

DES CULÉES.

L'EFFET de traction produit par les ponts suspendus sur les culées, qui tend à les entraîner dans le fleuve, nous fournit un moyen aussi simple que facile de calculer la force qu'il convient de leur donner; en effet, on conçoit que si elles doivent résister par leur poids, comme le ferait un massif de maçonnerie, de terrasse ou autre construction de ce genre, il n'est question que de l'évaluer exactement, et de le rendre tel qu'il puisse faire équilibre à l'effort du pont chargé de tout le fardeau qu'il peut supporter sans se briser.

Si le local est disposé de manière qu'on puisse s'amarrer à une ou plusieurs barres de fer ou pièces de bois, qu'une disposition particulière permettrait d'arrêter avec toute solidité, le calcul de la traction à laquelle elles peuvent résister, suivant la manière dont elle agit, donnera également le moyen de déterminer leur dimension.

Supposons donc que tous les fils de fer dont se composent le pont puissent soutenir verticalement un effort de 30,000 kilog., il est évident que les culées elles-mêmes doivent pouvoir résister à un effort pareil, pour que ces deux parties se trouvent en harmonie de solidité; mais comme ce résultat peut s'obtenir de plusieurs manières, je choisirai, parmi le grand nombre de cas qui peuvent se présenter, trois des principaux, dont le calcul servira de guide pour tous les autres; savoir:

Amarres en fer scellées dans le roc vif;
Culées en maçonnerie;
Palées en bois.

I. *Des amarres en fer.*

Tous les fers n'ont pas la même ténacité; plusieurs causes, dont il est difficile de se rendre compte, influent puissamment sur cette propriété: le meilleur moyen que je connaisse pour l'augmenter consiste à prendre des barres d'une dimension plus considérable que celles dont on a besoin, et les faire étirer sans trop chauffer, jusqu'à ce qu'on les ait amenées à la grosseur dont on a besoin (note 2). Il ne faudrait pas trop s'appuyer sur la ductilité du fer pour en conclure qu'il fût plus tenace; car l'expérience prouve que ces deux propriétés sont loin de marcher ensemble, et que le fer aigre supporte, à peu de chose près, le même poids que le fer doux (note 5) (*a*). On peut cependant, pour les besoins ordinaires, calculer sur environ 150 kilog. par ligne carrée, ou 120 kilog. par ligne

---

(*a*) *Voyez* la note n° 2.

circulaire, tel qu'il sort des forges pour être livré au commerce. Il est bon, au reste, d'en faire l'essai, si l'entreprise qu'on se propose en exige un emploi considérable, au moyen d'un appareil tel qu'on le voit (*Fig. XXI*), au moyen duquel on charge la barre jusqu'à ce qu'elle casse.

Nous diviserons donc 30,000 kilog. par 150, ce qui nous donnera 200 lignes carrées ; et si l'effort doit être réparti sur plusieurs points, sur quatre, par exemple, on divisera 200 par ce nombre, ce qui donnera 50 lignes carrées, à peu de chose près, qu'on obtient d'une barre de 7 lig. de côté, ou exactement de 10 sur 5 : on percera donc dans le rocher des trous AA (*Fig. V* et *VI*) de 8 à 16 pouces de profondeur, suivant qu'il sera plus ou moins sain, et suivant sa dureté, en ayant le plus grand soin que, la barre étant placée, la traction se fasse exactement dans le sens de sa longueur. Pour plus de précautions, on emploiera une barre d'une ligne ou deux plus forte que ce qu'indique le calcul ; on refoulera et on fera des crans à la partie qui doit occuper le fond du trou, et s'étant assuré qu'elle est de fer bien sain, on coulera du plomb tout autour, et non du soufre, qui à la longue finit par altérer le fer.

Si la barre doit porter à son bout un anneau A (*Fig. V*), il vaudra mieux le former en la repliant tout du long, et la soudant seulement à la partie inférieure, et donner le plus grand soin à ce que l'anneau ne soit que juste de la grandeur du crochet, ou autre anneau qu'il doit recevoir, pour éviter l'influence du levier ou porte à faux.

Si elle devait être terminée par un crochet A (*Fig. VI*), il faudrait le faire un peu plus long que le besoin, et relever au bout extérieur un boudin pour donner la facilité de le fretter au moyen d'un lien à clavette, afin de l'empêcher de s'ouvrir. Il est des cas où l'on ne peut disposer les amarres de manière à ce que l'effort se fasse dans le sens de la longueur des barres : tel est celui de la *Figure III*, où il deviendrait impossible de sceller les barres dans le rocher, vu la position dans laquelle elles se trouvent ; mais on obvie à cet inconvénient en augmentant leur dimension proportionnellement à leur longueur; la règle à suivre, dans ce cas, est de donner à la barre autant de fois la force indiquée par le calcul, que la hauteur contient la moitié de l'épaisseur (note 6). Nous avons vu qu'une barre de 7 lignes carrées supportait 7,500 kilog. ; elle n'en soutiendrait donc plus que 625, ou le douzième de ce nombre, si elle agissait avec un levier de 3 pouces et demi, puisque la demi-épaisseur, 3 lignes et demie, est le douzième de 3 pouces et demi.

Il se présente ici une considération sur le sens dans lequel se fait l'effort relativement aux dimensions de la barre. Tout le monde sait, en effet, qu'une barre de fer, une pièce de bois, etc., est bien plus forte de champ que de plat; mais comme la force croît évidemment comme les quantités de fer lorsque l'on élargit une barre, puisque l'on obtient le même effet que si l'on en employait plusieurs les unes à côté des autres, il s'ensuit que si on la renforce dans le sens où se fait l'effort, elle augmentera de force dans une bien plus grande proportion. La théorie indique dans ce cas que, si la dimension était double, la force serait quadruple; si elle était triple, elle serait neuf fois plus considérable, etc. : ce qu'on appelle raison doublée.

Pour trouver donc la force d'une barre de fer qui agit en formant levier, lorsqu'on connaît celle d'une autre plus petite, il faut comparer leurs dimensions, et multiplier la force de la petite, par deux fois le rapport de l'épaisseur et une fois celui de la largeur. Nous venons de voir qu'une barre de 7 lignes carrées supporterait 625 kilog. Si donc nous voulons qu'elle ait la même force qu'elle avait auparavant en formant levier de 3 pouces et demi, il faudra lui donner 21 lignes sur 10; car 21 contient trois fois sept, et 10 est un peu plus des $\frac{4}{3}$ de 7, ce qui nous donne $3 \times 3 \times \frac{4}{3} = 12$, ou douze fois $625 = 7,500$.

On aurait également pu donner 14 lignes de hauteur sur 21 de large; mais on voit qu'on aurait employé moitié plus de fer pour obtenir le même résultat.

Pour peu que le levier soit long, il faut diviser les amarres pour éviter de trop fatiguer le rocher. Il est assez difficile de donner là-dessus des règles précises, parce que la cohésion de la pierre varie beaucoup; dans quelques expériences que j'ai faites, j'ai vu de la pierre calcaire s'éclater sous le poids de 1,500 kilog., tandis que du granit dans les mêmes circonstances en a soutenu 6,000, sans annoncer la moindre disposition à être endommagé. Chacun, au reste, dans sa localité doit être à même de juger, soit à l'inspection, soit par l'expérience, l'effort que peut supporter une masse de rocher, ou une pierre, suivant les circonstances où elle se trouve placée.

Comme la quantité de fer dont on a besoin est bien plus considérable lorsqu'on agit au bout d'un levier un peu long, et qu'il convient d'ailleurs d'éviter dans ce cas l'emploi du fer trop doux qui serait sujet à plier, on peut le remplacer avec avantage par le fer fondu, dont on peut calculer la ténacité, à raison de 50 kilog. par ligne carrée, le tiers de celle du fer (note 7). On peut alors, pour économiser la matière, disposer son levier de manière que l'épaisseur aille en diminuant jusqu'au bout; car on conçoit que la longueur déterminant la force qu'il doit avoir, le calcul que nous avons indiqué pourra s'exécuter pour chaque pouce, ou chaque ligne, suivant l'exactitude que l'on voudra y mettre.

J'ai cru qu'il était à propos d'insister sur cette règle, parce que j'aurai occasion d'y revenir plusieurs fois, et qu'elle s'applique dans une infinité de cas. On ne doit jamais employer le fer, le bois, la bâtisse, etc., sans préalablement s'être assuré de ce que peuvent supporter ces matériaux, suivant la manière dont ils résistent, et s'être rendu un compte exact de l'effort qu'ils auront à soutenir; car, en supposant même qu'on ne le connût pas exactement, il serait bien que les parties fussent disposées de manière à présenter partout le même degré de résistance. (*a*)

II. *Culées en maçonnerie.*

Le poids et la position du centre de gravité des culées en maçonnerie étant les élémens les plus essentiels de leur stabilité, nous allons nous occuper de ces deux objets avant d'entrer dans la considération de la résistance.

On appelle centre de gravité le point d'un corps solide, disposé tellement, eu égard aux autres parties, que, lorsqu'on suspend le corps par ce point, il devient indifférent à toutes les positions possibles qu'on lui donne.

Lorsque le corps est régulier, et partout de même nature, il est visible que ce point est à une distance égale des points symétriques et opposés;

(*a*) Rondelet, *Art de bâtir.*

mais lorsqu'il a une figure irrégulière, il devient souvent très long et très difficile de le déterminer par le calcul ; c'est pourquoi je donnerai le moyen suivant, qui, sans être d'une grande exactitude, est cependant suffisant pour les besoins ordinaires.

On découpera un carton jusqu'à ce qu'il ait la même figure que celle de la culée ; ensuite on passera un fil à la partie supérieure, et on le suspendra en changeant la position du fil, jusqu'à ce que cette petite figure se place dans la même position que celle qu'elle occupe sur le terrain ; la ligne qui passe par le prolongement du fil, sera la verticale dans laquelle se trouve le centre de gravité.

Un autre moyen consiste à faire en relief une petite culée semblable à la grande, que l'on met sur le dos d'une lame de couteau, ou sur tout autre corps plat et étroit, jusqu'à ce qu'elle s'y tienne en équilibre ; la ligne suivant laquelle elle sera soutenue sur la lame indiquera l'intersection du terrain par le plan où le centre de gravité cherché est contenu.

L'évaluation du poids se fera ensuite en calculant le volume de la culée en pieds cubes, par exemple, et multipliant le résultat par le poids d'un pied cube de maçonnerie, qui varie suivant la nature des matériaux, mais que l'on peut calculer à raison de 60 kilog. environ le pied cube ; ce poids sera multiplié par la distance IH (*Fig. II*) du plan vertical qui contient le centre de gravité au point d'appui I, et divisé par la hauteur BH de la pile. Dans cette culée, nous avons 10 pieds de long sur 8 de large, et 10 de hauteur, ce qui donne une solidité de 800 pieds; retranchant de ce produit le vide de la porte, égal à 300 pieds, il reste 500 pieds cubes, qui, multipliés par 60 = 30,000 kil.; cette quantité, multipliée par IH, et divisée par BH, se réduit à 15,000 kilog., dont on pourrait se contenter, si la bâtisse était faite avec assez de soin, et d'assez gros matériaux pour qu'on pût la regarder comme une masse homogène, parce qu'elle est inaltérable par sa nature; mais qu'il faudrait augmenter, si quelque cause pouvait faire craindre la rupture ou la séparation des parties au moment de l'effort.

Lorsque l'on n'est pas gêné par l'espace, il y a une grande économie à employer les culées en pierre comme simples supports; la masse de la culée n'est alors destinée, suivant sa disposition, qu'à faire peu ou point de résistance.

Le cas où elle n'en fait point est celui où les câbles, après avoir passé sur son sommet, viennent s'amarrer dans le terrain, en faisant de chaque côté un angle égal avec l'axe de la pile : on peut donc, en lui donnant un talus antérieur, obtenir cette condition quelle que soit la disposition du local; mais, comme la culée a toujours une masse plus ou moins considérable, il est bien de la faire servir à résister à une partie de l'effort du pont; ce qui économise d'autant sur la longueur des amarres des culées qui doivent venir s'attacher dans le terrain.

La résistance que doit opposer la culée ou pile, ainsi sollicitée de chaque côté, est égale à la différence des deux forces qui agissent en sens contraire. On peut l'évaluer d'une manière fort simple, en tirant une ligne qui partage l'angle que font les deux cordes en deux parties égales, et regardant la direction de la force comme passant par ce point (note 8); on suppose alors la masse de la pile concentrée en X au bout d'un levier XYZ, dont le point d'appui est en Y à la partie antérieure de la pile; et les deux bras, l'un, la distance XY du centre de gravité à ce point, et l'autre, la distance YZ de la ligne dont nous venons de parler à ce même point.

Je continuerai à me servir du même exemple que j'ai pris, et supposerai que la culée AX doit avoir 10 pieds de hauteur sur 8 de large, et 3 d'épaisseur; en opérant comme ci-dessus, on trouvera sa solidité de 170 pieds cubes, à 60 kilogrammes le pied, égale 10,200. Comme elle est régulière, le plan contenant le centre de gravité passera par le point X à 18 pouces du point Y, axe de rotation ou point d'appui.

Cela posé, on tirera du milieu du sommet de la pile des lignes AP, AQ, au point où doivent être attachées les barres ou chaînes d'amarres des culées; on mettra la pointe d'un compas en A, et l'on tracera un arc de cercle SV que l'on divisera en deux parties égales au point M; par le centre de cet arc et par le point M, on tirera une ligne droite AZ, sur laquelle on abaissera du point Y une perpendiculaire YZ; cette ligne sera le bras de levier qui agira avec la traction des 30,000 kilogrammes pour entraîner la culée (note 8).

On voit d'après cela que XY ayant 18 pouces, et YZ, 6 pouces, nous aurons 6 pouces multipliant 30,000 kilog. = 18 pouces multipliant 10,200, représentant la masse de la pile.

La règle que je viens de donner, étant applicable à tous les cas, je n'entrerai dans aucun autre détail à ce sujet. Je ferai observer seulement que plus les points d'amarre seront rapprochés de la culée, plus il faudra renforcer cette dernière; puisque la ligne AZ s'éloignera de plus en plus du centre de gravité, et qu'elle se confondra finalement avec les câbles en fer lorsqu'on les amarrera à la culée même (note 9).

Si l'on n'avait pas d'amarres naturelles, on ferait un massif de moellons ou de maçonnerie, dont le poids serait équivalent à l'effort que peuvent soutenir les câbles en fer (note 10); il faudrait alors terminer les barres par de forts anneaux Q, dans lesquels on ferait entrer une pièce de chêne, ou mieux encore, comme ont fait les Anglais, des lentilles de fer fondu P, percées d'un trou dans le milieu destiné à recevoir le bout de la barre qu'on a soin de bien arrêter par derrière avec une clavette ou de bons boulons.

Les quatre amarres devant résister à 7,500 kil. chaque, on entassera autour des disques ou des pièces de bois, un poids égal de moellons, de terrasses, maçonneries, etc. assez bien liés pour qu'on ne craigne pas que les bois ou les disques se fassent jour à travers ce massif, qui devra être entièrement établi en contre-barre du terrain, pour trouver une résistance qui l'empêche de glisser en avant.

III. *Des palées en bois.*

Les palées en bois n'étant destinées qu'à servir de simples supports, doivent diviser l'angle que font les câbles ou les chaînes en deux parties égales. On obtient facilement cette condition en adoptant un assemblage CDE (*Fig. VI*), en forme de chevalet assez ouvert pour que la ligne DF, qui divise l'angle ADB en deux parties égales, passe entre les deux bras du chevalet.

Ceci suppose cependant que les cordes ne sont pas arrêtées au haut de la palée, mais qu'elles appuient simplement sur un coussinet ou sur une poulie; s'il en était autrement, et que l'on fixât les câbles et les amarres à la pièce de bois, il faudrait que ces dernières fussent renforcées en raison de la distance à laquelle elles sont fixées de la base de la palée (note 11). La quantité dont il faudra les augmenter est proportionnelle au rapport de la perpendiculaire abaissée de cette base sur les chaînes d'amarres considérées comme le petit levier, et comparée à la hauteur de la pile considérée comme le grand. Ainsi, nous avons trouvé qu'il fallait 200 lignes carrées de fer que nous multiplierons par 10, hauteur de la pile, ce qui produira 2,000 ; et ayant tiré du point C, la ligne CG égale à 7 pieds, on divisera 2,000 par ce nombre, ce qui donnera 285, nombre de lignes carrées que devront avoir les quatre amarres des palées.

Cette disposition permet de donner aux palées, relativement au câbles en fer, telle inclinaison qu'on juge à propos, et évite, par conséquent, de doubler les pièces de bois. On formera donc avec des solives de 10 à 12 pouces carrés, un cadre ABCD (*Fig. IV*) de bois de chêne, un peu plus large que le pont, auquel on donnera le plus de grâce possible. On l'établira sur une sole BC, assez longue pour qu'on puisse y mettre de chaque côté des arcs-boutans EF ; la sole elle-même devra porter sur de la maçonnerie, ou sur le terrain, s'il est assez solide et assez sec pour qu'on ne craigne ni sa déflexion, ni la pourriture des pièces.

Le bois de chêne, soutenant ainsi un poids par le bout (note 12), a une force en général bien au-dessus du besoin, pour qu'il me paraisse superflu d'entrer dans aucun calcul; l'on a plutôt à craindre la pourriture, et c'est pour cela qu'il sera bien d'entretenir les pièces toujours vernies à l'huile, et même de les garantir par un petit toit.

J'ai donné quelques exemples sur la manière d'établir les culées; mais on conçoit que, dans une infinité de cas, on peut se servir de ce qui se rencontre à sa portée; ainsi une terrasse, une maison, un vieux mur, un arbre, peuvent, suivant les besoins et les localités, en tenir lieu; le point important est de bien se rendre compte de la résistance que peut offrir l'objet qu'on a en vue, et de la calculer exactement, sans se fixer à une première impression irréfléchie qui pourrait induire en erreur.

CHAPITRE IV.

DE LA SUSPENSION DU PONT.

La longueur, la largeur et la flèche du pont étant déterminées, la première donnée dont on ait besoin est celle du *maximum* de la charge qu'il doit être dans le cas de supporter ; on évalue ordinairement cette charge, en supposant le pont couvert d'autant d'hommes qu'il en peut contenir, et employant chacun un espace de deux pieds carrés ; cependant, lorsque l'on opère pour les besoins d'une famille, d'un village, dans un endroit où le passage est peu fréquenté, on conçoit que l'on peut très bien se tenir au-dessous de cette supposition, parce que la probabilité d'une charge pareille est si petite qu'elle peut être considérée comme nulle.

L'on peut calculer le poids d'une personne à 70 kilog. environ, ce qui donnera le moyen d'évaluer la charge probable, à laquelle on ajoutera le poids des plateaux destinés au passage, et celui des fils de fer, dont on estimera approximativement le nombre, jusqu'à ce que le calcul du poids total donne le moyen de le déterminer d'une manière plus exacte.

Ce poids ainsi connu, on s'assurera, suivant la

courbure qu'on veut donner au pont, de l'effort de traction qu'il exercera sur les culées en employant la règle que nous avons donnée, de multiplier la flèche par 8, et d'augmenter la charge totale proportionnellement au rapport de cette quantité à la longueur du pont ; elle représentera, comme nous l'avons vu, l'effort que doivent soutenir les culées, ainsi que le poids qui chargera les fils de fer que l'on aura soin d'augmenter suivant ce que la prudence indiquera, pour se trouver bien au-delà de la probabilité de tout accident.

Les Anglais, dans leurs grandes constructions, se sont contentés de mettre trois fois plus de force que ce qu'indiquait le calcul. Cette quantité doit être suffisante pour de grandes constructions, où les conditions de charge sont exprimées avec une telle exactitude, qu'il est bien difficile de les dépasser ; mais, lorsqu'il est question de petites constructions particulières, le fil de fer étant l'objet d'une très légère dépense, je crois qu'il est prudent de porter cet excès à 5 ou 6, surtout si l'on a supposé une charge possible peu considérable.

Je diviserai ce chapitre, comme j'ai fait le précédent, en trois parties, et je vais entrer successivement dans l'examen de chacune d'elles en particulier.

I. *Des câbles en fer.*

La force des fils de fer variant relativement à leur grosseur, suivant la manière dont ils ont été fabriqués (*a*), il serait difficile d'assigner quelle est la dimension qu'il est le plus convenable d'employer; dans les petites constructions, dont il est facile de vérifier journellement les différentes parties, on peut se servir de fil beaucoup plus petit que dans les grands ponts, parce que le seul inconvénient à craindre, qui est la rouille du fer, est bien plus facile à prévenir; mais, lorsqu'il est question d'un édifice public, je crois qu'il est prudent de ne pas donner au fil moins d'une ligne et demie de diamètre, pour se mettre à l'abri de l'oxidation, au moins pendant un laps de temps considérable.

Il est essentiel, pour prévenir cette cause de destruction, d'employer des vernis qui adhèrent fortement au fer, et de les entretenir avec soin. Je regarde comme un très bon moyen, pour obtenir cet effet, de les faire bouillir dans de l'huile de lin légèrement oxigénée par de la litarge et un peu de noir de fumée; les retirer, laisser sécher, et recommencer deux ou trois fois cette opération, qui a pour but de les dépouiller exactement

---

(*a*) *Voyez* la note 2.

de toutes les bulles d'air qui pourraient rester adhérentes à leur surface, pénétrer dans les plus petits interstices, et les disposer à recevoir le vernis dont on doit les enduire, et avec lequel, par ce moyen, ils adhéreront plus fortement. Les fils, ainsi préparés et complètement secs, doivent être disposés en grands chaînons de 50 à 100 pieds de long, faits avec des anneaux, portant gorge comme les poulies sur lesquelles on enveloppe les fils. Ces anneaux présenteront une plus grande force du côté où ils portent les uns sur les autres, et ne seront pas entièrement fermés du côté opposé, pour donner la facilité d'accomplir le nombre de révolutions nécessaires, en passant les masses entières entre les deux branches des chaînons déjà faits.

Le fond de la gorge des poulies doit être carré pour que l'on puisse arranger symétriquement le quart ou le cinquième du nombre de brins qui doivent composer le câble. On aura soin, après chaque rang, de le couvrir d'une lame de plomb, ou d'une toile serrée imprégnée de goudron, pour remplir tous les intervalles, et faire porter les révolutions supérieures sur les inférieures aussi également que possible.

Cette disposition me paraît devoir présenter dans la pratique de grands avantages, parce qu'elle allie la résistance à la flexibilité, en évitant de mettre des parties en contact, qui puissent s'user par le frottement les uns sur les autres, inconvénient qui entraîne celui de faire écailler les vernis, et d'exposer ainsi les parties de câble aux deux causes les plus efficaces pour les détruire, le frottement et l'oxidation.

On voit en effet que les fils de fer, ainsi rassemblés en faisceaux, conserveront leur élasticité sans être cependant d'une longueur assez considérable pour que le mouvement, en exerçant une tension inégale sur eux, les fasse glisser les uns contre les autres. D'un autre côté, les anneaux auxquels on pourra donner une épaisseur un peu considérable, telle que 6 à 8 lignes, ne devant en rien contribuer à la solidité, mais servir de simples coussinets, pourront se détériorer sans inconvénient; et l'on sera libre, après un laps de temps considérable, de les remplacer, si l'on s'apercevait que leur épaisseur devînt telle que l'on pût concevoir quelque inquiétude sur l'objet auquel ils sont destinés.

Les fils de fer formeront de cette manière des faisceaux, que l'on liera fortement de distance en distance avec du fil recuit, et sur lesquels on passera plusieurs couches de vernis qui s'emparera des moindres intervalles, et formera une espèce de cordage qui ressemble à une masse homogène plutôt qu'à une réunion de brins, comme l'expérience nous l'a appris dans le pont que nous avons construit, et qui, depuis plus d'une année, n'a éprouvé dans son vernis, ni dans le reste de sa construction, aucune avarie, malgré qu'on se soit fait souvent un jeu de pousser les oscillations au plus haut degré possible, en se balançant plusieurs personnes à la fois dessus.

Une autre utilité des anneaux est d'avoir des points fixes sur les câbles en fer auxquels on puisse arrêter les fils verticaux qui soutiennent le plancher, surtout lorsqu'ils ont beaucoup de courbure; car on conçoit que, près des points d'appui où elle est la plus grande, les cordes verticales risqueraient de glisser, et se déranger ainsi de leur position.

Dans les ponts de petites dimensions dont le passage est établi directement sur les câbles, et où l'on amarre à une barre de fer enfoncée dans le rocher, on peut remplacer ces anneaux en fer par des poulies en bois dur, percées d'un trou de la dimension de la barre. Ces poulies doivent avoir 3 ou 4 pouces de diamètre, être de bois bien compacte, bien sain, et garnies en cuivre ou en fer intérieurement. On peut alors établir les fils de fer directement sur ces poulies de la manière dont nous l'avons dit.

Ce mode présente l'inconvénient, si l'on n'arrive pas précisément, pour chacun des câbles, au même degré de longueur, de faire pencher le pont du côté le plus bas; mais, comme ces sortes de ponts ont ordinairement peu de flèche, et que le moindre changement de longueur du câble en fait une très grande sur la flèche (note 13), on peut changer le diamètre de la poulie, jusqu'à ce qu'on arrive à avoir les deux câbles de niveau.

Nous avons trouvé que le pont dont nous avons pris la construction pour exemple, devait faire un effort représenté par 30000 kilog. Comme cette charge est peu considérable, on pourra employer des fils de fer d'une ligne de diamètre que nous avons trouvée capable de supporter 200 kilog., et divisant 30000 par ce nombre, nous obtiendrons 150; mais comme le poids doit être divisé sur quatre cordes, nous prendrons le nombre rond de quarante pour chacune. Après avoir préparé les fils de fer à recevoir le vernis, comme nous l'avons dit, on en tendra un que l'on mettra dans une position exactement semblable à celle qu'il doit avoir lorsqu'il sera en fonction ; la longueur mesurée étant ici de 102 pieds $\frac{1}{2}$, on placera deux piquets de 5 à 6 pouces carrés à la distance de 102 pieds de milieu en milieu l'un de l'autre, que l'on buttera fortement en avant et en arrière, pour les empêcher de faire le plus léger mouvement : on enfoncera dans la tête de chacun d'eux un morceau de fer bien rond d'un pouce de diamètre, observant que leur distance l'un de l'autre se trouve exactement de 102 pieds, un deux centième de moins que celle mesurée, pour que, le pont étant chargé, l'allongement du fil ramène le plancher à peu près de niveau.

On enfilera sur ces chevilles deux poulies en fer, comme nous l'avons dit, et, ayant fixé un des bouts du fil à un clou planté à l'un des piquets, on commencera à envelopper le fil sur les deux poulies avec les précautions que nous avons indiquées. Quelque soin que l'on prenne de bien tendre les fils de fer, il y aura toujours un peu de déflexion, ce qui n'est pas un inconvénient, pourvu qu'elle soit bien égale partout. On s'assurera donc que les fils, formant ainsi une courbe de 12 à 15 pouces de flèche, ne se dépassent les uns les autres que de 4 à 5 pouces (note 14), et l'on continuera d'envelopper jusqu'à ce qu'on arrive au bout du brin. On fera alors le nœud connu sous le nom de nœud plat, aux deux bouts duquel on fera faire deux ou trois révolutions, comme on le voit figuré sur le plan (*Fig. XI*); ou mieux encore, ce qui est un peu plus long, on le joindra avec l'autre bout, et l'on enveloppera les deux brins, ainsi réunis, avec du fil de fer très fin, l'espace de 21 ou 24 lignes (*Fig. XII*) (*a*). On continuera ainsi jusqu'à ce qu'on ait atteint la quarantième révolution, après laquelle on arrêtera le dernier bout au premier, que l'on avait provisoirement accroché au clou de la manière indiquée ci-dessus : il sera bon, pour em-

---

(*a*) Dufour, lieutenant-colonel du génie, de la confédération helvétique, rapport à la Société de physique et d'histoire naturelle de Genève, 1823.

pêcher les deux faisceaux qui composent le câble de se déranger, de les lier provisoirement l'un à l'autre de distance en distance, et à l'anneau, avec du fil recuit, après quoi on enlevera ce premier câble, pour faire à la même place les trois autres de la même manière.

Les câbles ainsi achevés devront être mis en place dans l'endroit même où ils doivent rester, s'il est possible, ou bien dans une position absolument semblable ; on tracera, dans tous les cas, sur le terrain au-dessous, une ligne qui représentera la place que doit occuper le pont, et ayant divisé cet espace de 6 en 6 pieds, pour représenter les places où doivent être mises les cordes verticales destinées à le soutenir, on suspendra au câble, divisé en autant de parties qu'il y aura de cordes, le même poids qu'il devra porter habituellement. Dans l'exemple qui nous a occupés jusqu'à ce moment, nous avons 96 pieds qui, divisés par 6, nous donnent seize espaces ; le pont étant calculé sur un *maximum* de résistance de 30000 kilog., qui serait produit par un poids de 24000, et ayant quatre fois plus de force que de besoin, le poids total qu'il supportera sera réduit à 6000, qui, divisé sur quatre, équivaut pour chacune des cordes à 1500. Comme ce poids doit être divisé sur quinze points, les deux des extrémités portant sur les culées, on suspendra à chacun d'eux un poids de 100 kilog., en ayant soin, pour les empêcher de glisser le long de la corde, de les arrêter les uns aux autres jusqu'à l'endroit où est fixé le câble lui-même.

Les choses ainsi disposées, on tendra fortement une corde mince qui représentera le plancher du pont, et l'on mesurera la longueur des cordes verticales que l'on notera soigneusement (note 15); on enlèvera les premiers liens que l'on avait mis provisoirement, et l'on passera une couche de vernis sur tout le câble.

Le vernis étant parfaitement sec, on liera fortement les faisceaux entre eux avec du fil recuit, de distance en distance, et avec les anneaux; après quoi on déchargera le câble, et l'on recommencera sur les autres la même opération.

On conçoit que les câbles ainsi éprouvés et liés, chargés de tout le poids qu'ils sont destinés à soutenir habituellement, ne seront plus exposés à aucun dérangement, et que les brins dont ils sont composés doivent toujours conserver la même position respective, et le même degré de tension qu'ils ont reçu la première fois.

II. *Des supports et cadres de tension.*

Différentes causes pouvant déterminer des changemens dans la longueur des câbles en fer (notes 16 et 2), surtout lorsqu'il y en a plusieurs qui concourent à soutenir le pont, il devient indispensable de se réserver un moyen de pouvoir les tendre, ou de les relâcher avec promptitude et facilité. On y parviendra en joignant le dernier anneau de la chaîne à un fort crochet, que portera à son bout une barre de fer taraudée dans sa longueur; cette barre doit être enfilée dans une masse de fonte de fer bien boulonnée par derrière, et assise sur le haut de la culée.

La forme de ces pièces est assez indifférente par elle-même, pourvu qu'elle remplisse son but. Cependant, comme il faut que l'assiette soit la plus longue et la plus large possible, je crois que la forme en pyramide, ayant pour base un carré long, doit être préférée (*Fig. IX*), si l'on n'a pas de raison particulière pour en adopter d'autre.

Si l'on veut ne se réserver la faculté que de tendre d'un côté, ou si l'on juge cette précaution inutile, on doit éviter de faire porter les câbles sur des corps solides, à cause du mouvement qui, en exerçant sur eux un frottement, finirait par les détruire promptement. Les Anglais, pour éviter cet inconvénient, ont fait passer les câbles sur des poulies en fer, qui, en se prêtant à leur mouvement, laissent toujours les mêmes parties en regard les unes des autres; il faut observer cependant que cet inconvénient est bien plus grave lorsque les amarres sont longues et isolées, et qu'il n'aurait pas lieu du tout si elles étaient contiguës, et liées à la maçonnerie des culées (note 17).

Lorsqu'on se sert de palées en bois, au lieu de

culées en maçonnerie, on évite les cadres de tension, en faisant traverser les boulons aux pièces même qui forment la palée ; on doit seulement prendre la précaution de mettre de fortes rondelles devant les écrous de derrière, pour empêcher qu'ils ne s'impriment dans le bois, et mettre le plus grand soin à ce que la direction du boulon fasse bien exactement suite à celle du câble.

III. *Amarres des culées.*

Nous avons donné le moyen, en parlant des culées, de calculer la résistance que l'on devait donner à leurs amarres, pour résister à l'effort des câbles. Ces chaînes ou cordes peuvent se faire en fer, ou en fil de fer, de la même manière que les câbles suspenseurs ; mais il faut observer, dans ce dernier cas, de ne pas les faire arriver jusqu'au terrain, tant pour les mettre à l'abri des dégradations que pour éviter le voisinage du sol, où, étant exposées à l'humidité, elles ne tarderaient pas à être attaquées et promptement détruites par la rouille. Dans les constructions anglaises où l'on emploie le fer, on forme des chaînes avec des barres de 15 à 18 pieds que l'on renfle et aplatit par le bout ; on y perce ensuite un trou ovale, dans lequel on fait entrer un goujon de même forme (*Fig. XXII*), et l'on assemble les barres deux à deux avec des anneaux courts. Cette méthode a le grand avantage d'avoir été mise en pratique dans les grands ponts en usage en Angleterre, qui tous sont faits de cette manière; il semble cependant qu'appliquée aux câbles suspenseurs, il devrait en résulter un frottement dans les parties d'assemblage, qui pourrait faire écailler les vernis, et les exposer ainsi à l'action de l'air; mais, comme amarres, elle est à l'abri de cet inconvénient, et, sous ce point de vue, me paraît devoir mériter la préférence. Un autre moyen plus simple et plus économique, et présentant à peu de chose près la même sécurité, consiste à replier les barres par le bout en forme de crochet, à l'extrémité extérieure duquel on forgera un bourrelet; lorsque les barres seront en place, enfilées les unes dans les autres (*Fig. XXI*), on serrera les crochets avec des liens en fer, au moyen d'une clavette ou de deux écrous, en veillant à ce que les parties du fer portent bien exactement les unes sur les autres; que les anneaux ne soient pas trop larges, tant pour éviter le porte à faux, que le redressement des parties, qui, portant sur les angles, finirait par faire allonger la chaîne. Ces cordes ou chaînes seront fixées au cadre de tension, avec les mêmes précautions que les câbles; il sera bien de disposer les points d'attache, de manière que ces cadres ne soient pas trop découpés par les trous, qui ne devront pas être faits au moyen d'un noyau en fondant la pièce, mais bien percés après, pour éviter les bulles d'air qui se dégagent quelquefois des noyaux pendant qu'on coule les pièces, et occasionnent des parties vides connues des fondeurs sous le nom d'*ensoufflures*. Revenons à notre exemple; l'effort total de 30000 kil. étant divisé sur chacun des côtés, se réduit à 15000; nous avons vu que la résistance de la fonte de fer était de 50 kil. par ligne carrée, nous aurons donc besoin de 300 lignes de fonte pour avoir la même résistance que les câbles ou les amarres. Comme nous avons besoin d'une certaine distance entre les câbles et les amarres, pour serrer ou desserrer les écrous, nous ferons fondre une masse de fer ABCD (*Fig. IX*), de 18 pouces de hauteur, 8 de large dans le haut, et 14 dans le bas, et de 18 lignes d'épaisseur; nous ferons percer, dans la direction des câbles et des amarres, des trous EFGH d'un pouce de diamètre, disposés comme on voit sur la figure, sur un carré d'un pied de côté. Il est évident que l'effort tendra à faire rompre la plaque dans les directions EF, GH; calculons donc si elle pourra résister.

La section GH, la plus faible, étant d'un pied sur 18 lignes, présente une surface de 2592 lignes; le levier IH étant de 6 pouces, comparé à 9 lignes, ou comme 72 : 9, réduit cette quantité à 324, un peu plus grande que celle dont nous avions besoin.

Quant aux amarres des culées, comme elles agissent dans le sens de la longueur, il ne sera question que de diviser les 15000 par 150, ce qui nous donnera, comme pour les amarres, 100 lignes, ou deux barres de 7 lignes carrées, que pour plus de sûreté on portera à 8 ou 10, si l'on a quelque crainte sur la qualité du fer.

CHAPITRE V.

DES CORDES VERTICALES DES PARAPETS, ET DES AMARRES INFÉRIEURES DU PONT.

La plate-forme, qui sert de passage, doit être suspendue aux câbles en fer par le moyen de cordes verticales. La longueur de ces cordes, très difficile à déterminer par le calcul, peut l'être, comme nous l'avons vu par l'expérience, en disposant les choses de manière qu'elles aient, dans le milieu, la hauteur qu'on veut donner au parapet; mais ceci n'est que pour éviter la dépense de la plus grande élévation des culées, ou longueur des cordes verticales; car rien ne s'opposerait à ce qu'on donnât au plancher telle courbure, et aux cordes telle longueur qu'on jugerait à propos.

Les cordes verticales, dans les grands ponts, peuvent se faire de la même manière que les câbles, en remplaçant les anneaux par des espèces de sabots, ou anneaux demi-circulaires qui portent dans le haut en travers des câbles, et qui par en bas s'emboitent dans l'extrémité des traverses en bois, sur lesquelles la plate-forme est établie. Le nombre de brins dont elles se composent, et leur espacement est relatif aux usages pour lequel est destiné le pont, de manière que chacune puisse supporter la moitié du poids dont pourra être chargé le plancher entre les espaces terminés par deux cordes.

Comme les câbles pourraient être détruits dans leur partie supérieure par le frottement du sabot, il sera bien, pour prévenir cet inconvénient, de les envelopper de fil de fer recuit, et fortement serré; ce bourrelet serait assez solide pour empêcher les cordes de glisser le long des câbles qui forment la courbe; il ne serait pas prudent cependant, dans les parties les plus élevées des grands ponts, où la courbure est la plus grande, de s'en tenir à ce moyen, parce qu'il exposerait ces parties à un tiraillement qui pourrait faire écailler les vernis. Il faudra donc arrêter entre elles les premières cordes verticales du côté des culées, avec des faisceaux de fil de fer, dont le nombre diminuera comme la longueur des cordes, et dont le premier aura à peu près le tiers du nombre de fils qui la composent (note 18).

Le parapet du pont peut se faire de toutes les manières qu'on voudra, pourvu qu'il ne tende pas trop à en augmenter le poids; c'est pour cela que, lorsqu'on ne craint pas le balancement, on se contente d'un treillage en fil de fer, auquel les cordes verticales servent de soutien.

Si le pont avait une grande largeur, et était destiné à supporter de grands fardeaux, il serait bien de disposer un assemblage de pièces de bois, qui s'opposât le plus possible au balancement. Je crois celui que j'ai proposé pour quelques constructions publiques très propre à remplir cet objet; il consiste en deux rangs de pièces de bois, AB, CD, liées ensemble, et maintenues, à la distance d'un mètre l'une de l'autre, par des traverses EF, GH, disposées en croix de Saint-André, qui viennent se joindre bout à bout en formant entre elles un angle droit. On maintient cet assemblage par le moyen de boulons en fer IK, qui, traversant les pièces de bois entre les joints des traverses, permettent de le serrer à volonté, et lui donnent une grande solidité.

Lorsque les ponts ont une masse trop petite, eu égard à leur portée, ils sont sujet à un balancement, qu'on peut éviter en partie en les amarrant inférieurement au moyen d'un système de cordes GH, IK (*Fig. XX*), qui doit compléter d'un bout à l'autre une portion de polygone, dont tous les côtés doivent être très tendus, et disposés de manière à couper les câbles de fer sous les plus grands angles possibles (note 19).

Ces amarres seront fixées aux culées le plus bas qu'il sera possible, sans trop gêner la navigation, à des anneaux ou crochets, que l'on implantera pour cet objet dans la maçonnerie : elles sont surtout essentielles lorsqu'on fait des ponts très légers, ou établis directement sur les cordes, parce que la quantité de mouvement acquis est toujours proportionnel à la masse en repos et en mouvement.

CHAPITRE VI.

DES PLANCHERS.

Le plancher, ou plate-forme du pont, peut se faire de plusieurs manières, suivant les besoins particuliers, ou les matériaux que l'on a à sa disposition : il se compose en général de traverses qui sont supportées à leurs extrémités par les cordes verticales, et sur lesquelles on établit des plateaux destinés au passage : on pourrait également employer des pièces longitudinales sur lesquelles on établirait, soit le platellage, soit des traverses destinées à le soutenir. La force de toutes ces pièces doit être calculée suivant leur portée. L'expérience a démontré qu'une pièce de chêne de 10 pieds de long sur 5 pouces d'équarrissage, pouvait soutenir 72 quintaux, ou près de 30 kil. par pouce (note 20) : il sera aisé, d'après cela, de calculer les dimensions que doivent avoir chacune d'elles, en se rappelant que leur force diminue proportionnellement à leur longueur, et augmente en raison directe de la largeur, et en raison doublée de la hauteur.

On conçoit facilement que l'emploi auquel sera destiné le pont, influera considérablement sur la force relative de ces diverses pièces : s'il n'était, par exemple, qu'à l'usage des piétons, on calculerait la charge de chaque point en la comparant à la surface à laquelle il correspond, puisqu'on pourrait regarder sensiblement cette masse d'hommes comme un poids homogène; mais, s'il était question d'y faire passer une voiture, quoique le calcul démontre que des hommes serrés les uns contre les autres et occupant le même espace que la voiture, pèsent plus qu'elle, il y aurait cette différence que, la voiture portant sur deux points seulement, il faudrait que deux ou quatre cordes verticales et chaque point du plancher isolément pussent supporter tout cet énorme poids.

Je n'entrerai dans aucun autre détail à ce sujet, parce qu'il me paraît superflu de traiter un objet qui rentre tout-à-fait dans l'ordre des constructions ordinaires, et je me bornerai à faire une application de ce qui précède, au cas que j'ai déjà pris pour exemple.

Notre pont ayant 96 pieds de long, et 4 de large, aura une surface de 184 pieds. Nous supposerons que, comme il est dans un endroit peu fréquenté, il est hors de toute probabilité que plus de cinquante personnes puissent le traverser à la fois. Comme il doit pouvoir sur chacun de ses points résister au poids d'un cheval, égal à 500 kil. environ, il faudra que les traverses puissent soutenir au moins six fois ce poids, ou 3000 kilog. Nous prendrons donc des solives de chêne de 4 pieds de long, 4 pouces de hauteur et de 3 de large, dont la force sera exprimée par $30 \times 2,5 \times 16 \times 3 = 3600$ kilog., ou en comparant avec la solive par le poids que peut porter 1 pouce, multiplié par le rapport des longueurs, le carré de la hauteur et la largeur.

Toutes ces pièces, d'un tiers de pied cube de solidité et du poids de 10 kilog., seront espacées de 3 en 3 pieds, ce qui portera leur nombre à 32, et leur poids à 320 kilog.

Le plancher, devant résister au même effort, sera fait avec des planches d'un pied de large, 1 pouce et demi d'épaisseur, dont la force sera exprimée par $30 \times 4 \times \frac{1}{2} \times \frac{1}{2} \times 12 = 3240$ kilog.; puisque la portée est environ quatre fois moindre, l'épaisseur 1 et demi, et la largeur 12. Sa solidité sera égale à 384 pieds sa surface multipliée par 1 pouce et demi, ou $\frac{1}{8}$ de pied son épaisseur, ou 48 pieds cube à 30 kilog., égale 1440 kilog.

Comme nous avons trente-deux traverses, ou soixante-quatre cordes verticales, chacune d'elles devra donc être calculée pour porter sa portion du poids total du plancher égal à 1760 kil. ou 28 kil. environ ; plus le poids d'un cheval, égal à 500 kil., ce qui donnera 528 ; multipliant ce nombre par 6, nous obtiendrons 3168 kilog., qui, divisé par 200, poids que peut soutenir un fil de fer d'une ligne, nous donne 16 pour le nombre des fils de chaque corde verticale.

On divisera donc les câbles de fer en trente-deux parties ; on enveloppera de fil de fer, sur l'espace de 2 à 3 pouces, les marques correspondantes à chacune de ces divisions ; après quoi, ayant placé successivement chaque traverse à la distance que l'on a trouvé qu'elle devait être du câble, et fait à son extrémité une entaille de quelques lignes, pour empêcher le fil de fer de s'écarter de sa place, on fera huit révolutions bien égales de fil de fer ; on arrêtera le premier bout au dernier, en les liant ensemble avec du fil fin et recuit ; on enveloppera également cette corde de distance en distance, et on l'arrêtera dans le haut et dans le bas.

Les traverses ainsi établies et fixées, on étendra dessus des plateaux de chêne d'un pied de large, d'un pouce et demi d'épaisseur, et les plus longs possibles, en ayant soin de croiser les jonctions, de manière à faire présenter à tout l'ensemble une grande rigidité ; on les clouera, ou on les arrêtera avec des vis, et l'on engagera les deux extrémités dans la maçonnerie des culées, en ayant soin de bien les arrêter, avec des crampons en fer, à de fortes pierres qui doivent former le seuil de la porte des culées.

On voit que le poids total du pont sera composé de

Quatre câbles en fer de cent soixante brins d'une ligne de diamètre, et de 102 pieds de long.................................... 16320$^{pi.}$

Soixante-quatre cordes verticales de seize brins, sur une longueur moyenne de 5 pieds........................ 5120

Pour liens, amarres, etc......... 3560
                                    ─────
                                    25000

A 1 kilogramme les 100 pieds..... 250$^{kil.}$
32 pieds, traverses en chêne, à 10 kil. 320
384 pieds, surface du plancher, 48 pieds cube, à 30 kilog. 1440
Cinquante personnes, à 70 kilog... 3500
                                    ─────
                                    5510

qui, multiplié par $\frac{5}{4}$, rapport de solidité résultant du rapport de la flèche à la largeur du pont, nous donne 6887 kil. que nous avons porté à 30000 kil., pour avoir quatre à cinq fois plus de solidité que ce qu'indiquait le calcul.

NOTES.

Note 1, *page* 11.

L'étendue que l'on peut donner à un pont suspendu a pour limite le terme auquel le poids même du fer atteint celui qu'il peut soutenir; prenons le fil de fer n° 16 pour exemple; il supporte en moyenne 311 kilog., ou une longueur de 8208 kil., puisque chaque mètre pèse $37,89^{gr.}$; on pourrait donc, dans les limites du possible, faire un pont de 4000 mètres, ou une lieue de poste. Mais si l'on veut se restreindre dans les bornes de ce qui est exécutable, on observera que le poids du plancher pouvant être supposé environ de la moitié ou du tiers de celui des fils, et la flèche $\frac{1}{20}$ de la longueur, on pourrait, en se réduisant à charger les fils de la moitié du poids qu'ils peuvent soutenir, établir un pont de 600 à 800 mètres.

Note 2, *page* 13.

J'ai fait plusieurs séries d'expériences sur la force des fers et des fils de fer, dont je donnerai, malgré leur longueur, tous les détails, parce qu'il me paraît que quelques unes des propriétés de ce métal n'ont pas été assez étudiées, et que sur le vu des faits on pourra tirer des conclusions qui pourront contribuer à perfectionner l'art de le mettre en œuvre pour l'appliquer aux nouveaux usages qu'il peut être appelé à remplir.

En examinant attentivement au microscope les parties du fer qui étaient brisées par l'effort d'un poids lentement accumulé, j'ai observé que plus les barres se rapprochaient de l'état de fer fondu, plus les cristaux étaient réguliers, polis, et présentaient des lames brillantes et symétriques, tandis que le fer corroyé, étiré au marteau ou à la filière, paraît composé d'une multitude de filets poreux, et d'autant plus fins que le fil lui-même l'est davantage. J'ai cru pouvoir en conclure que le fer soumis au tirage éprouve, dans l'arrangement de ses cristaux, une modification à laquelle est due sa plus ou moins grande ténacité. Supposons que le métal cristallisé soit composé de plusieurs ordres de cristaux, dont le premier, qui devient appréciable à la vue simple lorsqu'on le brise, soit lui-même formé d'une série de cristaux infiniment plus petits, ainsi de suite, mais dans une loi telle que tous les moyens que nous employons pour lui faire subir les changemens de forme qui sont en notre pouvoir, se bornent à altérer la forme des cristaux du premier ordre, en faisant seulement glisser ceux du second les uns contre les autres, il s'établira une relation, suivant la manière dont le fer sera tiré, entre l'adhérence des faces latérales des cristaux du premier ordre, et la cohésion de ceux du second suceptibles des maxima et des minima, que l'on retrouve dans le tableau des expériences qui suivent, et observées également par Dufour de Genève. (*a*)

(*a*) Mémoire lu à la Société de Physique.

NOTES.

Expériences de la résistance des fers tirés suivant leur longueur.

Première Série. — *Fer forgé.*

On scelle dans un rocher granitique une barre de fer A de 14 lignes de hauteur, 12 lignes de large, et 2 pouces et demi de longueur (*Fig. XXI*), provenant des forges de Bourgogne. A son extrémité est un anneau dans lequel on fait entrer une barre de fer même qualité de 6 lignes carrées, repliée à son bout en forme de ganse, et retenue par le boudin N, au moyen d'une frète GF, serrée par une clavette H, dont la pression est contre-butée intérieurement par un coin I; la ganse inférieure est enfilée dans l'anneau D, d'une barre de fer rond, et boulonnée à la poutre KL, qui porte sur le rocher au moyen d'une armature en fer K, en forme de couteau.

Le rapport des leviers est exactement déterminé; on charge lentement avec des poids connus P, Q, R, etc., en faisant varier leurs positions.

I.

14 lignes sur 12 = 168 lignes carrées;

Par ligne carrée. . . 103 kil.;

Par millimètre carré 20,23. (*Fig. XXI.*)

La ganse supérieure casse en BC, sous la charge de 4516 kilog. avec un levier de 27 lignes; pour déterminer la cohésion du fer par ligne carrée, nous avons

$$\frac{C \times 14 \times 12 \times 7}{27} = 4516 \text{ kil.}, \quad C = 103 \text{ kil.} \quad (a)$$

(*a*) Voyez la note n° 7.

La partie brisée à l'œil nu, paraît composée de faces brillantes et régulières d'une ligne environ de côté; le fer a cassé sans qu'on puisse s'apercevoir s'il a plié auparavant.

II.

5 lignes 9 points de côté, soit 33 lignes carrées;

Par ligne carrée, 155 kil.

Par millim. *idem*. 30,45.

Même disposition que le n° I, la barre supérieure remplacée par une autre de 2 pouces de côté.

La barre casse sous une charge de 5226 kilog., après avoir supporté 5126 kil.; la cassure présente un grain fin et régulier.

III.

4 lignes 6 points, soit 20,25 lignes carrées;

Par ligne carrée. . . . . . 280 kil.

Par millimètre. 55,20

Même disposition que le n° II.

La barre de 6 lignes a été coupée dans le milieu, et soudée en sifflet : on l'étire ensuite jusqu'à ce qu'elle ait 4 lignes 6 points de côté, et on la laisse refroidir sans la faire recuire. On fait deux marques légères à 0,330 de chaque côté de la soudure.

Temps.	Poids.	Allongement.	Longueur de l'espace sur lequel se fait l'allongement mètre sur 0,660.	Côté du fer où se termine l'allongement.	Aire ou section du fer où se termine l'allongement.
h. m.			Le fer se dépouille		
7 40			de la couche d'oxyde		
On commence à charger.		millim.	noir qui le couvre		
8 »	4,377	8	sur trois espaces de		
On charge lentement.			100 millimètres environ chaque, éloi-		
8 10	5,161	18	gnés les uns des au-		
8 15	5,161	25	tres de 50 millim.	l.	l.
On charge lentement.			sur un espace, 400	4,9	22,56
8 30	5,580	30	500	5	25
8 40	5,580	42	550	5,3	27,56
9 10	5,688	54	660	5,6	30,25

L'endroit cassé à l'œil nu, paraît d'un grain fin et serré; vu à la loupe, il est composé de cristaux brillans en écailles irrégulières; mais d'une plus grande dimension dans le milieu que jusqu'à une ligne des bords.

IV.

2 lignes de côté, soit 4 lignes carrées;

kil.
Par ligne carrée. 309 50
Par millimètre. 61

Même disposition que le n°.II.

La barre de 6 lignes a été chauffée un peu au-dessus du rouge cerise, et étirée à petits coups de marteau: on a donné ainsi cinq chaudes successives, jusqu'à ce qu'elle fût ramenée à 2 lignes : on laisse refroidir sans recuire.

Heures.	Poids.	Allongement.
6 35′	545	1 millimètre.
7	1,060	1
7 15	1,238	4

Le fer s'allonge lentement pendant quelques secondes, sans qu'on puisse apercevoir une diminution d'épaisseur ni indice de la partie qui doit céder. Il casse après avoir supporté le fardeau 30″.

La partie brisée est représentée de grandeur naturelle (*Fig. XXIII*). La section AB est de 2 lignes de côté; la section CD de 1 ligne 3 points. On rapproche les parties, et l'on mesure l'allongement qui se trouve de 8 millimètres; les couches d'oxyde n'ayant été écaillées que jusqu'à 5 à 6 lignes de chaque côté de l'endroit cassé, il n'a pas été possible de mesurer sur quelle longueur totale s'était fait l'allongement.

Vue au microscope, la partie brisée paraît composée d'une multitude de petites aiguilles grises très fines, très poreuses dans le milieu; mais beaucoup plus compactes vers les bords : on aperçoit dans le centre quelques faces irrégulières de cristaux.

V.

6 lignes de côté, soit 36 lignes de carré ;

Par ligne carrée. . . . . 15 $^{kil.}$

NOTES. 63

Par millimètre carré. 29,70
Même disposition que le n° II.

La barre de 6 lignes a été chauffée rouge à blanc, au point de souder, et refroidie lentement.

On fait deux marques, comprenant la partie chauffée, à un décimètre l'une de l'autre.

OBSERVATIONS.

Charges. Allongement.

3407^{kil.} 0^{mill.} On fait serrer l'écrou M (*Fig. XXI*), qui a 11 lignes diamètre intérieur, sept rangs de mailles d'une ligne avec une clef de 18 pouces, représentant un levier de 15 pouces, pour s'assurer que les filets peuvent résister.

3407 0 Un homme serre avec facilité.

4220 0 *Idem.*

4840 1 L'oxyde noir dans la partie qui a été chauffée s'écaille; un homme serre l'écrou avec peine.

5282 1,5 Un homme seul ne peut serrer; deux hommes serrent facilement.

5535 2 Deux hommes serrent sans peine; la barre a cassé dans l'endroit où elle avait été chauffée; la vis et l'écrou n'ont pas éprouvé la moindre altération. L'allongement ne s'est fait sentir que dans la partie qui avait été chauffée.

La partie cassée, vue à la loupe, est en cristallisations irrégulières et écaillées, striées légèrement en feuilles de fougère; un des coins présente une multitude de petits filets fins et poreux comme le fil de fer.

VI.

5 lignes 11 points de côté, soit 35 lignes carrées,
Par ligne carrée. . . . . 151 kilog.
Par millimètre carré. 29,70

On fait deux marques à 0,1 mètre de distance l'une de l'autre.

Poids.	Allongement.
4220	1
4840	2
5282	2,5

La fracture a lieu dans la ganse supérieure qui portait sur l'anneau dans une section de 36 lignes carrées.

VII.

9 lignes larges sur 9 points épaisseur 6,75 lig. car.
Par ligne carrée. . . . . 228 kilog.
Par millimètre carré. 44,70

On replie la bande, appelée vulgairement fer en ruban, par chaque extrémité que l'on serre fortement avec un petit étau, après l'avoir fait passer dans chacun des anneaux.

On fait deux marques à 0,1 mètre de distance l'une de l'autre.

OBSERVATIONS.

| Poids. | Allongement. |
	millim.
540	0
1236	1
1324	4 L'allongement se fait sans que l'oxyde s'écaille.

poids. allongement.
1368   6
1412   7
1456   8
1500   11   les couches d'oxyde se détachent.
1541   15

La bande casse après avoir soutenu le fardeau quarante secondes.

La partie brisée, vue à la loupe, présente une multitude de petites écailles très poreuses comme le fil de fer, mais d'une contexture plus spongieuse.

Pour s'assurer de la ductilité du fer, on le plie avant de pouvoir le casser dix-sept fois sur le genou, de manière à lui faire parcourir chaque fois une distance angulaire de 180 degrés en sens opposé de la flexion précédente.

DEUXIÈME SÉRIE. — *Fer tiré à la filière.*

I.

Fil de fer de Bourgogne de fabrique inconnue du n° 8, recuit inégalement.

Poids d'un mètre courant. . . . . . 0,008404 kil.

Diamètre. . . . . 0,0011722 mètre

Section. . . . . 0,00000108 mètre

Poids moyen supporté. . . . . . . 41,30 kil.

Idem par millimètre carré. 38,24

On déduit le rayon et la section du poids d'un mètre courant en faisant la proportion suivante :

Un mètre cube : 7780 kil. densité du fer :: πR^2 aire

du fil : 0,008404 kil. son poids; d'où l'on tire 7780 $\pi R^2 = 0,008404$, d'où l'on tire $R = 0,0005861$ mètre, et pour la section $\pi R^2 = \dfrac{0,008404}{7780} = 0,00000108$.

La longueur des fils est de 1,50 mètre. Pour mesurer l'allongement, on fait deux marques à un mètre de distance l'une de l'autre.

ALLONGEMENT.

	Numéros des expériences.					
poids.	1	2	3	4	5	6
	mill.					
23	0	0	0	0	0	0
28	2	2	20	0	0	0
33	4	40	24	0	4	0
38	12	78	60	2	26	»
39	»	92	66	4	32	»
40	»	136	88	8	34	»
41	26	184	»	8	40	»
42	28	»	»	50	24	»
Poids supporté.	42	41	40	42	42	42

Moyenne 41,30
Moyenne par mill. 38,24

II.

Mêmes fils (n° 7), exactement recuits.

Poids d'un mètre. . . . . 0,006910 kil.
Diamètre. . . . . 0,001062 mètre
Section. 0,000000888

NOTES.

	kil.
Poids moyen supporté.	32,5
Idem par millimètre carré.	36,09
Allongement moyen.	0,102

ALLONGEMENT PAR MÈTRE.

Numéros des expériences.

poids.	1	2	3	4
	millim.	millim.	millim.	millim.
23	2	10	2	2
24	3	12	3	4
25	6	13	4	6
26	9	14	5	10
27	14	16	6	22
28	24	»	»	50
29	42	24	30	62
29,20	44	32	32	»
29,40	50	36	40	»
29,60	52	44	44	»
29,80	55	52	52	»
30	58	54	58	70
30,20	60	58	60	72
30,40	62	62	62	74
30,60	64	68	64	76
30,80	70	72	68	78
31	76	80	72	80
31,20	82	»	74	82
31,40	86	»	76	86
31,60	»	»	78	94
31,80	»	»	80	100
32	»	»	86	108
32,20	»	»	96	122

	poids.			millim.	
	32,40	»	»	104	»
	32,60	»	»	110	»
	32,80	»	»	116	»
	33	»	»	118	»
	33,20	»	»	118	»
	33,40	»	»	118	»
	33,60	»	»	120	»

	kil.	kil.	kil.	kil.
Poids supporté,	31,40	31	33,60	33,20

Moyenne 32,05 kil., par millimètre 36,09 kil.

Nota. La plus légère secousse, en mettant les poids, occasionne un surcroît d'allongement sensible.

III.

Mêmes fils, n° 7, non recuits.

	kil.
Poids d'un mètre............	0,006910
	mètre
Diamètre................	0,001062
Section................	0,000000888
	kil.
Poids moyen supporté.........	65,50
Idem par millimètre.........	73,73
Allongement sous la charge.....	0,0054
Allongement qui reste.........	0,00075

NOTES. 69

poids.	ALLONGEMENT PAR MÈTRE.			
	Numéros des expériences.			
	1	2	3	4
38	2	1	»	»
48	3	2	»	»
58	4	4	»	»
63	5	5	4	»
64	»	5	»	»
65	5,5	»	5	»
66	»	»	»	6
67	6	»	»	»

Poids supporté,   67   64   65   66
Moyenne, 65,50 ; par millimètre carré, 73,73
Allongement,   6   5   5   6
Allongement qui reste,   1   0,50 0,50 0,1

Observation. L'allongement du fil se fait sur son élasticité. Il revient à sa première dimension lorsqu'on le décharge.

Pour voir l'influence que peut avoir l'allongement et le recuit, eu égard à la partie de fer convertie en oxyde, on pèse un mètre de fil après le recuit ; la différence en excès est de 36 milligrammes, représentant une pareille quantité d'oxigène absorbé. L'oxyde noir étant formé de métal, 100 ; oxigène, 37, représente 0,097 grammes de fer converti en oxyde, ce qui réduit le poids du fer recuit à 6813, et pour l'allongement 6813 — 6813 × 0,102 = 6118, poids d'un mètre de fil de fer recuit ayant supporté 32,05 kilog. S'il avait eu la même dimension que le fil non recuit, il aurait supporté dans la même proportion 36,20, au lieu de 65,50 ; ainsi l'excès de force des fils non recuits dépend d'une autre cause.

IV.

Mêmes fils, n° 18, non recuits.

Poids d'un mètre.	0,069300 kil.
Diamètre.	0,003366 mètre
Section.	0,00000890
Poids moyen supporté.	505,60 kil.
Idem par millimètre carré..	56,77
Allongement moyen.	0,0058
Idem qui reste après la casse. . . .	0,0009

ALLONGEMENT PAR MÈTRE.

Numéros des expériences.

poids.	1	2	3	4	5
	millim.				
408	»	4	»	»	»
424	»	6	»	»	2
456	»	7	2	»	4
472	»	8	»	»	»
488	»	8	4	4	5
506	»	8	6	5	»
522	3	»	»	»	»
Poids supporté,	522 kil.	506 kil.	506 kil.	506 kil.	488 kil.
Allongement,	3 mill.	8 mill.	6 mill.	5 mill.	5 mill.
Idem qui reste après la casse,	0,5	1,50	1	1	0,5

Moyenne, 505,60, par millimètre carré, 56,77 kil.

Observation. L'allongement se fait sur l'élasticité du fil, qui revient à peu de chose près à sa première dimension, lorsqu'on le décharge.

NOTES. 71

V.

Expérience pour mesurer la progression de l'allongement du fil de fer.

Fil n° 7, de veuve Fleur.

Longueur du fil, 12,20 mètre.

Poids.	Allongement total.	*Idem* par mètre.
	millim.	
18	4	0,0003
24	8	0,0006
32	14	0,0011
36	18	0,0015
40	22	0,0018
44	26	0,0021

On donne en chargeant une légère secousse, qui occasionne un peu d'allongement; au bout de cinq minutes on mesure

	30	0,0025
50	35	0,0028
54	40	0,0032
58	48	0,0039
62	58	0,0047
64	60	0,0049
65	62	0,0051
66	64	0,0052

VI.

Expérience pour mesurer l'influence des ligatures.

Fil n° 13, de veuve Fleur.
Nœud tel qu'il est figuré dans le plan, *Fig. XI.*

Nos des expér.	Poids sontenu.	
1	140	
2	135	a cassé dans le nœud.
3	146	
4	147	
Moyenne	142	

Ligature exécutée au pont de Genève, figuré dans le plan, *Fig. XII*.

Nos des expér.	Poids soutenu.	
1	148	a cassé hors de la ligature.
2	148	

VII.

Expérience pour mesurer la force des fils de fer réunis en faisceaux.

Fil n° 9, de veuve Fleur.

On place en A (*Fig. XXI*) une poulie en fonte de fer de 5 pouces diamètre; on forme un faisceau de 44 brins, en passant vingt-deux fois le fil de fer alternativement sur la poulie et sous la poutre; on joint le premier au dernier bout en les tordant ensemble.

On commence à charger.

Sous le poids de 1,500, les petites inégalités de tension qui existaient ont entièrement disparu; les deux faisceaux présentent des brins ayant l'air d'avoir tous une tension parfaitement égale; on met six ligatures de fil n° 1, recuit, de 2 à 3 pouces de long, et très serrées.

Sous le poids de 4009 kilog. le faisceau se rompt; la rupture commence par un brin, et est aussitôt suivie par quatorze autres; comme la poutre n'a que 2 pouces à parcourir pour arriver à terre, il y a sept brins qui

NOTES. 73

n'ont pas rompu, mais qui ont glissé de la rupture la plus voisine.

La moyenne du n° 9 $= 91{,}74 \times 44 = 4037$. Ces faisceaux ont soutenu 4009, ou 28 kilog. de moins que la moyenne; mais il faut observer que la probabilité d'avoir une tension égale était dix-sept fois moindre que dans les cordes de 34 mètres.

VIII.

Expériences sur la ténacité du fil de fer de la fabrique de Laigle le plus fin, employé pour la carderie.

Poids d'un mètre. . . . . 0,322 gr.
Diamètre. 0,0002294
Section. 0,00000004138
Poids soutenu par millimètre carré. 89,85 kil.

$$\left.\begin{array}{ll} 1 & 3{,}562 \\ 2 & 3{,}700 \\ 3 & 3{,}800 \\ 4 & 3{,}900 \\ 5 & 3{,}600 \\ 6 & 3{,}750 \end{array}\right\} \text{moyenne } 3{,}718 \text{ kil.}$$

IX.

Expériences sur la ténacité des fils de fer de la manufacture de veuve Fleur, de Besançon.

Passe-perle, assez doux.

Poids d'un mètre. . . . . 2,142 gr.

NOTES.

	gr.
Diamètre.	0,0005917
Section.	0,0000002752
Par millimètre carré.	85,73

$$\left.\begin{array}{ll}1 & 22,50\\2 & 23,50\\3 & 23\\4 & 25\\5 & 24\end{array}\right\} \text{moyenne, } 23,60$$

Fil n° 1, doux, se séparant en filets quand on le casse.

	gr.
Poids d'un mètre.	2,342
Diamètre.	0,0006188
Section.	0,0000003009
	kil.
Poids soutenu par millimètre.	86,11

$$\left.\begin{array}{ll}1 & 25\\2 & 26\\3 & 24,50\\4 & 24,50\\5 & 28\\6 & 27,75\end{array}\right\} \text{moyenne, } 25,96$$

N° 2, doux.

	gr.
Poids d'un mètre.	3,064
Diamètre.	0,0007078
Section.	0,0000003937
Poids soutenu par millimètre.	86,98

NOTES.

$$\left.\begin{array}{ll}1 & 34 \\ 2 & 34 \\ 3 & 35 \\ 4 & 34\end{array}\right\} \text{moyenne, } 34,25$$

N° 3, cassant.

Poids d'un mètre. . . . . $3,284$ gr.
Diamètre. . . . . $0,0007327$
Section. . . . . $0,0000004220$
Poids soutenu par millimètre. $80,84$ kil.

$$\left.\begin{array}{ll}1 & 37 \\ 2 & 33 \\ 3 & 32,50 \\ 4 & 34\end{array}\right\} \text{moyenne, } 34,12$$

N° 4, cassant.

Poids d'un mètre. . . . . $4,296$ gr.
Diamètre. . . . . $0,0008380$
Section. . . . . $0,0000005520$
Poids soutenu par millimètre. $76,61$ kil.

$$\left.\begin{array}{ll}1 & 40,50 \\ 2 & 41,50 \\ 3 & 42,50 \\ 4 & 43,00 \\ 5 & 44\end{array}\right\} \text{moyenne, } 42,30$$

N° 5, très cassant.

Poids d'un mètre. . . . . $5,082$ gr.

Diamètre. . . . . 0,0009115 gr.
Section. 0,0000006531
Poids soutenu par millimètre. 72,34 kil.

    1 46
    2 48,50
    3 48,50 } moyenne, 47,25
    4 46

N° 6.

Poids d'un mètre. . . . . 6,398 gr.
Diamètre. 0,001022
Section. 0,0000008222
Poids soutenu par millimètre. 76,08 kil.

    1 65,70
    2 63,10
    3 58,00 } moyenne, 62,56
    4 62
    5 64

N° 7.

Poids d'un mètre. . . . . 7,130 gr.
Diamètre. 0,00108
Section. 0,0000009162
Poids soutenu par millimètre. 71,22 kil.

    1 65,50
    2 64,50 } moyenne, 65,25
    3 64,50
    4 66,50

NOTES.   77

N° 8, très cassant.

Poids d'un mètre.	7,720 gr.
Diamètre.	0,001123
Section.	0,0000009921
Poids soutenu par millimètre.	67,28 kil.

$$\left.\begin{array}{ll} 1 & 68,50 \\ 2 & 64,50 \\ 3 & 69,00 \\ 4 & 65 \end{array}\right\} \text{moyenne, } 66,75$$

N° 9, assez cassant.

Poids d'un mètre.	10,232 gr.
Diamètre.	0,001293
Section.	0,000001315
Poids soutenu par millimètre.	69,77 kil.

$$\left.\begin{array}{ll} 1 & 89,30 \\ 2 & 91 \\ 3 & 92 \\ 4 & 93,50 \\ 5 & 92,80 \end{array}\right\} \text{moyenne, } 91,74$$

N° 10, très doux.

Poids d'un mètre.	12,600 gr.
Diamètre.	0,001435
Section.	0,000001619
Poids soutenu par millimètre.	64,84 kil.

78 NOTES.

$$\left.\begin{array}{cc} 1 & 104 \\ 2 & 97 \\ 3 & 107 \\ 4 & 109 \\ 5 & 108 \end{array}\right\} \text{moyenne, } 105$$

N° 11, très doux.

	gr.
Poids d'un mètre.	13,320
Diamètre.	0,001476
Section.	0,000001711
	kil.
Poids soutenu par millimètre.	58,56

$$\left.\begin{array}{cc} 1 & 94 \\ 2 & 107 \\ 3 & 103 \\ 4 & 97 \end{array}\right\} \text{moyenne, } 100,25$$

N° 12.

	gr.
Poids d'un mètre.	17,490
Diamètre.	0,001691
Section.	0,000002247
	kil.
Poids soutenu par millimètre.	55,52

$$\left.\begin{array}{cc} 1 & 123 \\ 2 & 123 \\ 3 & 117 \\ 4 & 130 \\ 5 & 131 \end{array}\right\} \text{moyenne, } 124,80$$

N° 13.

	gr.
Poids d'un mètre.	19,800

NOTES. 79

Diamètre. . . . . 0,0018 gr.
Section. 0,000002544
Poids soutenu par millimètre. 57,18 kil.

$$\left.\begin{array}{rl} 1 & 148 \\ 2 & 140 \\ 3 & 148 \\ 4 & 146 \end{array}\right\} \text{moyenne, } 145,50$$

N° 14.

Poids d'un mètre. . . . . 26,270 gr.
Diamètre. 0,002072
Section. 0,000003376
Poids soutenu par millimètre. 49,32 kil.

$$\left.\begin{array}{rl} 1 & 168 \\ 2 & 162 \\ 3 & 162 \\ 4 & 174 \end{array}\right\} \text{moyenne, } 166,50$$

N° 15.

Poids d'un mètre. 30,310
Diamètre. 0,002226
Section. 0,000003895
Poids soutenu par millimètre. 51,86 kil.

$$\left.\begin{array}{rl} 1 & 205 \\ 2 & 200 \\ 3 & 205 \\ 4 & 205 \\ 5 & 205 \\ 6 & 192 \end{array}\right\} \text{moyenne, } 202$$

N° 16, très doux.

	gr.
Poids d'un mètre.	37,890
Diamètre.	0,002489
Section	0,000004869 |ите
	kil.
Poids soutenu par millimètre.	63,87

$$\left.\begin{array}{ll} 1 & 315 \\ 2 & 300 \\ 3 & 315 \\ 4 & 315 \\ 5 & 310 \end{array}\right\} \text{moyenne, } 311$$

N° 17, doux et pailleux.

	gr.
Poids d'un mètre.	44,440
Diamètre.	0,002695
Section.	0,000005711
	kil.
Poids soutenu par millimètre.	68,15

$$\left.\begin{array}{ll} 1 & 350 \\ 2 & 370 \\ 3 & 375 \\ 4 & 420 \\ 5 & 421 \end{array}\right\} \text{moyenne, } 389,20$$

N° 18, doux.

	gr.
Poids d'un mètre.	57,160
Diamètre.	0,003087
Section.	0,000007345

NOTES.

Poids soutenu par millimètre. 84,00 kil.

$$\left.\begin{array}{ll} 1 & 626 \\ 2 & 617 \\ 3 & 617 \\ 4 & 608 \end{array}\right\} \text{moyenne, } 617$$

N° 19.

Poids d'un mètre. . . . . 74,600 gr.
Diamètre. 0,003492
Section. 0,000009586
Poids soutenu par millimètre. 78,23 kil.

$$\left.\begin{array}{ll} 1 & 735 \\ 2 & 754 \\ 3 & 745 \\ 4 & 766 \end{array}\right\} \text{moyenne, } 750$$

N° 20.

Poids d'un mètre. . . . . 103,536 gr.
Diamètre. 0,00414
Section. 0,0000133
Poids soutenu par millimètre. 65,74 kil.

$$\left.\begin{array}{ll} 1 & 905 \\ 2 & 860 \\ 3 & 854 \\ 4 & 880 \end{array}\right\} \text{moyenne, } 874,75$$

N° 21.

Poids d'un mètre. . . . . 141,636 gr.

82 NOTES.

Diamètre. . . . . 0,004812 gr.
Section. 0,00001820

Poids soutenu par millimètre. 62,52 kil.

$\left.\begin{array}{cc} 1 & 1188 \\ 2 & 1088 \end{array}\right\}$ moyenne, 1138

N° 22, très cassant.

Poids d'un mètre. . . . . 181,596 gr.
Diamètre. 0,005449
Section. 0,00002333

Poids soutenu par millimètre. 67,66 kil.

$\left.\begin{array}{cc} 1 & 1611 \\ 2 & 1547 \end{array}\right\}$ moyenne, 1579

N° 23, doux.

Poids d'un mètre. . . . . 216,006 gr.
Diamètre. 0,005942
Section. 0,00002775

Poids soutenu par millimètre. 62,63 kil.

$\left.\begin{array}{cc} 1 & 1764 \\ 2 & 1713 \end{array}\right\}$ moyenne, 17385o

TABLEAU COMPARATIF DE LA FORCE DES FERS.

DÉSIGNATION de la qualité des fers.	DIMENSIONS.	Poids soutenu.	Ténacité par millimètre.	OBSERVATIONS.
	millimètres.	kilog.	kilog.	
Fonte de fer........	6,7 sur 6,7	476	10,58	provenant des débris d'une marmite.
Fer de Bourgogne...	32 sur 27		20,23	à gros grains.
Carrillon id.	13 sur 13	5226	30,45	
Idem. id.	13,5 sur 13,5	5435	29,70	chauffée au rouge suant, et refroidie lentement.
Idem. id.	13,3 sur 13,3	5280	29,70	coupée au milieu, soudée bout à bout sans étirer.
Idem. id.	10,15 sur 10,15	5688	55,20	coupée au milieu, soudée en sifflet, étirée.
Idem. id.	4,5 sur 4,5	1238	61,00	plus étirée que la précédente, sans soudure.
Fer, dit ruban id....	20,3 sur 1,7	1541	44,70	très doux, filets spongieux à la cassure.
Fer tiré de Bourgogne, de fabrique inconnue... n° 8	1,172 diamètre.	41,30	38,24	recuit inégalement.
7	1,062	31,40	36,09	recuit exactement.
18	3,366	505,60	56,77	non recuit.
7	1,062	65,50	73,73	non recuit.
Fil de Laigle.......	0,2294	3,718	89,85	employé pour la carderie.
Passe-perle.........	0,5917	23,60	85,73	assez doux.
FIL DE FER de la manufacture de veuve Fleur, de Besançon. n° 1	0,6188	25,96	86,11	doux.
2	0,7078	34,25	86,96	doux.
3	0,7327	34,12	80,84	cassant.
4	0,8380	42,30	76,61	cassant.
5	0,9115	47,25	72,34	très cassant.
6	1,022	62,56	76,08	
7	1,080	65,25	71,21	
8	1,123	66,75	67,28	très cassant.
9	1,293	91,74	69,77	assez cassant.
10	1,435	105	64,84	très doux.
11	1,476	100,25	58,56	très doux.
12	1,691	124,80	55,52	
13	1,800	145,50	57,18	
14	2,072	166,50	49,32	très doux, sans ressort.
15	2,226	202	51,86	
16	2,489	311	63,87	très doux.
17	2,695	389	68,15	pailleux.
18	3,087	617	84,00	
19	3,492	750	78,23	
20	4,140	874,75	65,74	
21	4,812	1138	62,52	
22	5,449	1579	67,66	très cassant.
23	5,942	1738,50	62,63	doux.

On voit qu'il existe deux *minimum* de force; le premier dans les numéros 18 et 19, le second dans les numéros les plus fins; et un *minimum* dans les numéros 14 et 15. Les anomalies intermédiaires, que l'on observe de deux en deux, ou de trois en trois termes, viennent sans doute des allongemens successifs qu'a subis le fer, que l'on fait passer dans les fabriques deux ou trois fois par les filières avant de le recuire, et qui peut éprouver des gerçures lorsqu'il est trop tiré, sans recuit, ou se rapprocher de la ténacité du fil recuit lorsqu'il n'est tiré que légèrement après cette opération. S'il en était ainsi, un allongement proportionnel à la force du fer, qu'une bonne étude dans une manufacture indiquerait facilement, pourrait contribuer puissamment à donner au fil de fer la qualité que nous recherchons ici.

Note 3, *page* 14.

Dans la chaînette, ou courbe, représentée par l'équation $y = c \log \left(\dfrac{x + c + s}{c} \right) s = \sqrt{2 c x + x^2}$, dans laquelle y représente l'abscisse, et x l'ordonnée; le poids lorsqu'il est également réparti sur toute sa longueur, pouvant être regardé comme s'il était appliqué à la rencontre des deux tangentes au point d'attache; son effort sur ces points sera proportionnel au rapport de la tangente à la sous-tangente; mais comme la tangente se rapproche beaucoup de l'abscisse lorsque la courbure est peu considérable, j'ai supposé dans la pratique qu'on pouvait prendre l'une pour l'autre, et pour la sous-tangente le double de l'ordonnée. Or, voici comment je démontre cette dernière propriété.

Supposons que l'ont ait réellement $ST = 2x$, l'expression de la sous-tangente étant $ST = \dfrac{y\,s}{c} = y\sqrt{2cx + x^2}$,

nous aurons $2x = \dfrac{y\sqrt{2cx + x^2}}{c}$, et $y = \dfrac{2cx}{\sqrt{2cx + x^2}}$;

différentiant cette expression, on obtient :

$$\dfrac{dy}{dx} = \dfrac{2c\sqrt{2cx + x^2} - \dfrac{4c^2 x - 4x^2 c}{2\sqrt{2cx + x^2}}}{2cx + x^2}$$

éliminant $\dfrac{dy}{dx}$ au moyen de son équation $\dfrac{dy}{dx} = \dfrac{c}{s}$ $= \dfrac{c}{\sqrt{2cx + x^2}}$, et réduisant, nous obtenons $x = o$; mais comme rien n'indique que les autres valeurs s'anéantissent, on peut supposer $y = a$; ces considérations introduites dans l'équation $s^2 = 2cx + x^2$, rendent c infini ; car on a $c = \dfrac{s^2 - x^2}{2x}$, $c = \dfrac{s^2}{o}$, ce qui nous indique le cas où la sous-tangente est exactement double de l'ordonnée, est celui où cette dernière perd tout-à-fait sa valeur lorsque l'abscisse reste la même.

On voit par là que moins le pont aura de courbure, plus le rapport ci-dessus de 1 à 2, approchera de l'exactitude ; mais, pour trouver jusqu'à quel point on peut l'employer, supposons que l'abscisse $x = 20$, la constante $c = 100$ pour déterminer y, nous mettrons dans l'équation de la chaînette les valeurs que nous venons d'assigner à x et à c, ce qui nous donnera :

$$y = 100 \log. \left(\dfrac{20 + 100 + \sqrt{20 + 100 + 20 + 400}}{100} \right)$$

d'où $y = 62,237$, déterminant ensuite la valeur de s, longueur de la courbe, et celle de la sous-tangente $ST = \dfrac{y\,dx}{dy} = \dfrac{ys}{c}$ à cause de $\dfrac{dx}{dy} = \dfrac{s}{c}$ on a $ST = 41,283$ $s = 66,332$, ou un trentième environ de plus que par l'approximation.

La force de traction, représentée par AB, décomposée suivant les directions DB, CB (*Fig. XIII*), nous donne pour leur rapport $\dfrac{DB}{AB}$ ou à cause que $AB = \dfrac{4\,EF\sqrt{DE^2 + 4\,EF^2}}{4\,EF}$ qui se réduit à $\dfrac{DC}{8\,EF}$, si l'on prend DEC pour DBC.

J'ai supposé dans tout ce qui précède, que l'on pouvait prendre le polygone funiculaire pour la courbe, ce qui n'est pas exactement vrai, puisque chacun des points d'attache détermine un angle de ce polygone, dont le nombre de côtés est égal à ceux des points d'attache, plus un ; mais comme la différence est très petite, et qu'elle est d'ailleurs relative au nombre de ces points, j'ai cru qu'il était suffisant de s'en tenir à la détermination de la courbe.

Note 4, *page* 16.

La détermination des constantes de la chaînette étant sujette à des développemens de séries très longs, je me suis servi de la méthode d'approximation suivante (*Fig. XIV*), au moyen de laquelle on parvient bien plus promptement et aussi sûrement à les obtenir.

NOTES.

Soit $x = 10$,
$y = 50$

Comme la courbe s'éloigne peu de l'arc de cercle AC, qui passe par les points ACB, nous substituerons dans l'équation $c = \dfrac{s^2 - x^2}{2x}$ sa valeur à la place de s, pour obtenir une première valeur approchée de c, effectuant le calcul, nous avons,

Corde AC $= \sqrt{y^2 + x^2} = 50{,}9901$,

Arc AC $= \dfrac{\pi a c^2}{x} \times \dfrac{\text{arc sin } y}{360} = 51\,3242$,

$c = \dfrac{s^2 - x^2}{2x} = 126{,}70$

Cette valeur, substituée dans l'équation

$$y = c \log. \left(\dfrac{x + c + \sqrt{2cx + x^2}}{c} \right)$$

pour avoir la valeur de y correspondante à celle que nous avons supposée à s, donne $y = 50{,}0156$; résultat qui nous indique que l'arc de cercle est plus grand que la courbe, et qu'il convient de donner à s une valeur un peu moindre; mais, comme elle se trouvera nécessairement comprise entre celle de l'arc AC et de sa corde, mais beaucoup plus rapprochée de la première, nous prendrons quatre moyennes successives entre ces deux valeurs, et nous obtiendrons :

$$\dfrac{51{,}3242 + 50{,}9901}{2} = 51{,}1572$$

$$\dfrac{51{,}3242 + 51{,}1572}{2} = 51{,}2407$$

$$\frac{51{,}3242 + 51{,}2407}{2} = 51{,}2825$$

$$\frac{51{,}3242 + 51{,}2825}{2} = 51{,}3033$$

Substituant cette dernière à la place de s, nous obtenons $c = 126{,}6015$ $y = 49{,}9943$. Cette valeur est au-dessous de $y =$ de $0{,}0057$. Celle trouvée précédemment la surpasse de $0{,}0157$; en augmentant la valeur de s proportionnellement aux différences ci-dessus, nous obtiendrons $s = 51{,}3091$, qui donne $c = 126{,}6322$ $y = 50{,}0005$; approximation que l'on pourrait pousser plus loin, si on le jugeait nécessaire.

Note 5, *page* 21.

Expériences tirées des cahiers de l'école des Ponts-et-Chaussées, sur la résistance des fers tirés par les deux bouts.

Fer des mines du Berri pesant 544 livres le pied cube, passé à la filière.

n^{os}	4 lig. $\frac{48}{100}$ diamèt. livres.	3,94 diamèt. livres.	3,28 diamètre. livres.
1	6760 assez doux.	5560 doux.	2748 très aigre.
2	7000 très doux.	5800 doux.	3468 très aigre.
3	6280 très aigre.	5080 doux.	3036 aigre.
4	6760 assez doux.	5560 doux.	3612 assez doux.
5	7480 assez doux.	5320 assez doux.	3324 doux.
6	5560 très aigre.	5960 assez doux.	3612 doux.
7	7240 doux.	5320 aigre.	3324 doux.
8	6040 assez doux.	5800 très doux.	2604 pailleux.
9	7000 très aigre.	4600 assez doux.	3036 assez doux.

NOTES.

nos	liv.		
10	5320 très aigre.	4120 très aigre.	3324 assez doux.

Moyennes.

6544 liv.	5312	3208

Moyennes par lignes circulaires.

326 liv.	342	300

Moyennes *idem* en kilogrammes.

161 kil.	168	147

kil. Moyennes par millimètre carré.

40,28	42,02	36,80

kil. Moyennes par millimètre circulaire.

31,63	33	28,88

Fer carrillon, même qualité.

	5 lignes 9 points carrés.	4 lignes carrées.	3 lignes carrées.
nos	liv.	liv.	liv.
1	12840 doux.	6520 un peu aigre.	5480 très doux.
2	11160 doux.	6040 aigre.	4280 doux.
3	12600 très doux.	6520 doux.	4920 doux.
4	11400 très doux.	5720 aigre.	5000 doux.
5	11160 aigre.	7000 doux.	5080 très doux.
6	11160 doux.	6680 un peu aigre.	4840 doux.
7	12680 très doux.	5080 aigre.	4600 aigre.
8	13880 très doux.	6520 aigre.	3880 doux.
9	14440 très aigre.	»	4280 doux.
10	13080 doux.	»	4280 doux.
11	14680 très doux.	»	3960 très doux.
12	8840 assez doux.	»	5000 très doux.

Moyennes.

12327 liv.	6260	4633

Moyennes par ligne carrée.

372	391	514

Moyennes en kilogramme.

182	192	252

Moyennes par millimètre.

35,75	37,72	49,50

Voyez le *Traité de la résistance des fers*, par Duleau. Paris, 1820, pages 70, 71, 72.

Note 6, *page* 23.

La manière dont résistent les corps solides, lorsqu'on leur applique une force perpendiculaire à leur longueur, a fait depuis long-temps l'objet de la méditation des physiciens et des géomètres (*a*), qui ont épuisé, on peut dire, tout ce qu'on pouvait écrire sur cet intéressant sujet. Je renverrai donc à leurs écrits ceux qui voudront là-dessus de plus amples détails, me contentant de donner une idée de ce qu'on doit entendre par un solide d'égale résistance, en partant d'une supposition inexacte à la vérité, mais qui suffit pour les besoins ordinaires de la pratique; savoir, que l'axe d'équilibre passerait par le centre de gravité (*b*) : cela posé, la surface AB (*Fig. XV*), pour offrir une résistance qui soit en équilibre avec un poids P, devant être nécessairement une fonction de la longueur du levier BC, au bout duquel il agit, nous donne le moyen de déterminer la forme que doit avoir un levier, pour que toutes ses sections AB, A'B' A"B" résistent également à l'action de la puissance P, et pour cela, supposons d'abord que la dimension seule de la hauteur soit sujette à varier. Si l'expérience a démontré que la section AB d'un levier résiste à un poids déterminé Q, en tirant dans le sens de sa longueur, il est évident qu'en appliquant ce poids en P, il fera un effort sur chacun des points de AB, dépendant de la longueur des bras de levier aB, a'B, a''B, comparés au levier BC ; la cohésion de la section

---

(*a*) Voir sur ce sujet le beau travail de M. Girard. *Paris*, 1798.
(*b*) Voyez la note 7.

NOTES. 91

AB, supposée la surface de rupture, sera donc égale au moment de la surface AB, multipliée par la cohésion du fer, et divisé par BC, ce qui nous indique que pour produire par le moyen d'un levier sur une barre de fer, un mur, etc., de figure symétrique, le même effet qu'en appliquant la force perpendiculairement à la surface résistante, ou de rupture, il faut employer un levier qui soit égal à la distance de l'axe d'équilibre à la base de la surface de rupture; ou en prenant le centre de gravité pour centre de l'axe d'équilibre (a), dont la hauteur soit la moitié de la base.

Les autres dimensions $A'B'$, $A''B''$ étant relatives aux longueurs des bras de levier $B'C'$, $B''C''$ doivent présenter une résistance décroissante, ou croissante comme ces longueurs: or, cette résistance étant composée, 1°. de la surface en contact; 2°. de la distance du centre de gravité à la base de cette même surface, ou surface de rupture; en nommant s l'élément variable de la première, x la seconde, nous aurons en désignant par L le levier AB, $L = sx$; mais, comme les quantités s et x varient suivant la même loi, on pourra mettre ce rapport sous la forme de $L = ax^2$, équation de la parabole, et qui nous indique que les leviers, ou solides d'égale résistance d'une épaisseur uniforme, chargés par le bout, doivent en avoir la figure.

Si l'on suppose, au contraire, que la hauteur du levier ne varie pas, mais bien la largeur, il est évident que la génératrice du solide devient un triangle, puisque la position du centre de gravité reste toujours la même.

(a) Voyez la note 7.

Enfin, si le levier était un solide de révolution, ou ayant pour élément varié une surface quelconque, la cohésion variant comme les carrés des dimensions, et les distances du centre de gravité comme leurs premières puissances, l'équation ci-dessus deviendrait $L = a\, x^3$, dans laquelle la constante a désigne la cohésion du corps, ainsi que le rapport de la distance du centre de gravité de la surface de rupture avec un des côtés de la figure.

Note 7, *page* 25.

J'ai cherché à déterminer par l'expérience le rapport qui existe entre la résistance de la fonte de fer, dont le plan de rupture est une surface symétrique, lorsqu'on la tire perpendiculairement ou parallèlement à sa longueur par les expériences suivantes.

J'ai fait séparer à la scie les uns des autres des barreaux d'un fourneau en fonte de fer, qui m'a produit cinq prismes quadrangulaires de 5 pouces de long, que j'ai fait limer avec soin jusqu'à ce qu'ils eussent exactement 3 lignes de côté, soit 9 lignes carrées; la fonte était très douce, susceptible de se scier et limer facilement; la cassure d'un grain fin, gris de perle, et blanche comme du fer lorsqu'on la limait.

Expériences.

I.

On saisit la tête d'un des barreaux avec un étau que l'on assujetti, ainsi que la barre, dans une position horizontale; la surface de rupture est indiquée par un épaulement présentant une section plus considérable que celle du reste de la barre; on charge avec du sable que l'on met dans un baquet suspendu au barreau, à 4 pouces de distance de la surface de rupture. Un fil de fer, dont la pointe coïncide avec l'extrémité du barreau, est destiné à mesurer la flexion.

Le barreau casse sous le poids de 17,80 kil.

La flexion, au moment de la rupture, est d'environ une ligne.

II.

Même disposition que le n° I.

Le barreau casse sous le poids de 18,80 kil.

La flexion est d'environ une ligne et demie.

Moyenne des deux expériences précédentes, 18,30 kil.

III.

La même barre tirée dans le sens de la longueur a supporté 448 kilog.

IV.

Même disposition que le n° III, 504 kilog.

Moyenne des deux expériences, 476 kil. soit 52,90 kil. par ligne carrée.

Ces expériences, si elles étaient plus nombreuses, pourraient servir à déterminer, avec exactitude, la constante qui convient à la fonte de fer, pour trouver la longueur du bras de levier, qui, suivant le principe de Galilée, est une fonction de la dimension verticale du solide dans son plan de rupture; mais comme cette constante varie avec les diverses qualités de fonte, et qu'il convient d'ailleurs, dans ces évaluations, de se trouver toujours au delà du besoin, je m'en suis tenu et j'ai donné une approximation un peu élevée, engageant les lecteurs qui désireront là-dessus plus de détails, à consulter les ouvrages des mathématiciens qui ont traité cette matière. (*a*)

Cherchons donc, dans le plan de rupture, la position d'un point dont la distance à la base de ce plan sera la longueur du levier, qui, multiplié par la surface de rupture et divisé par la longueur du levier, à l'extrémité duquel agit le poids qu'a soutenu la barre chargée perpendiculairement à sa longueur, nous représente la cohésion de la fonte lorsqu'elle agit de cette manière. En observant que la cohésion de la fonte par ligne carrée $= 52{,}90$, et désignant par L la longueur du levier, nous aurons $\dfrac{52{,}90 \times 9 \times L}{48} = 18{,}30\,L = 1{,}844.$

Comme cette quantité ne s'éloigne que d'un cinquième environ de 1,50 qui serait donné par la position du centre de gravité, et que d'ailleurs l'erreur est à l'avantage de la solidité, en prenant pour base du calcul la ténacité de la fonte tirée parallèlement à sa longueur, je l'ai indiquée comme pouvant être employée dans la pratique, et j'en ai étendu, par analogie, l'application au fer aigre, comme étant le cas le plus désavantageux de l'emploi de ce métal.

(*a*) Girard, *Résistance des solides*. Paris, 1798. — Duleau, *Résistance des fers*. Paris, 1820.

NOTES. 95

Note 8, *page* 29.

Le câble fixé du côté du terrain (*Fig. XVI*), et passant librement sur le haut de la culée, formera un angle dont les deux côtés auront la même tension, et que la résultante divisera en deux parties égales. Mais comme cette résultante doit en général, vu la grande ouverture de l'angle, peu différer de l'une des composantes, j'ai supposé, pour plus de simplicité, qu'elle lui était égale. Pour avoir sa véritable expression, ainsi que la manière dont elle agit sur la culée, nous supposerons l'effort dans la direction de la tangente SC, représenté par la ligne SC, et nous déterminerons la résultante SQ au moyen des deux lignes AQ, CQ. Cette résultante elle-même devra être décomposée suivant SO, dont l'une SO tendra à renverser la pile avec le levier SP, égal à sa hauteur, et l'autre SP à augmenter sa masse et lui donner de la stabilité : le moment de la première sera donc SO × SP, que l'on pourra remplacer par SQ × PR.

Note 9, *page* 30.

Lorsque l'on amarrera à la culée elle-même, le moment pour la renverser sera égal à l'effort dans la direction de la tangente, au point d'attache multiplié par la perpendiculaire abaissée du pied de la culée sur cette même tangente; il deviendra donc indifférent de l'amarrer par le pied ou à la partie supérieure, si l'on regarde la culée comme une masse homogène; mais si l'on avait égard au manque de liaison des parties, il est évident qu'en amarrant à une hauteur quelconque, l'effort pour désunir les matériaux employés à la construction de la culée ne devrait être calculé, pour les parties supérieures à l'amarre, que comme nous l'avons fait dans la note 8 pour entraîner la culée.

Note 10, *page* 30.

L'effort des amarres des culées étant décomposé en deux forces RQ, RP (*Fig. XVII*), l'une horizontale et l'autre verticale, si l'on a disposé les choses de manière que la masse ne puisse glisser en avant, soit au moyen de pilots enfoncés en terre, ou que le sol antérieur fût assez ferme pour que l'on ne craignît pas sa déflexion, il est évident qu'il suffira de faire équilibre à la seconde RP. J'ai supposé cependant, pour éviter d'entrer dans ce calcul, que l'on rendrait ce massif égal à la somme totale de la traction, vu le peu de dépense que cet excès de charge occasionnera, et pour compenser son manque de cohésion.

Note 11, *page* 32.

Pour simplifier l'opération, j'ai supposé (*Fig. XVII*), vu la petite inclinaison des câbles à l'horizon, que l'on peut prendre la hauteur AB de la pile pour la perpendiculaire BD, abaissée de sa base sur la tangente AD. Si la corde est fixée en A, il est évident que les tensions des cordes AC, AD deviendront proportionnelles aux longueurs des leviers CB, DB.

Note 12, *page* 32.

Expériences faites par Buffon sur la résistance des bois de chêne chargés debout.

Nos	Longueur.			Largeur.	Épaisseur.		Poids sous lequel la pièce s'est brisée.
	pieds.	pouces.	lignes.	pouces.	lignes.		livres.
1	6	5	10	3	9		80664
2	6	5	10	4	10		81035
3	7	5	10	3	9		58523
4	7	4	8	3	9		41555
5	8	5	10	3	9		64069
6	8	5	10	4	9		86720
7	8	6		3	11		86915
8	8	4	11	3	8		46880
9	8	4	10	3	11		46880
10	8	6	11	5	10		127801

Note 13, *page* 40.

Pour évaluer l'allongement (*Fig. XVIII*) produit par un rapprochement ou un éloignement des points de suspension, ce qui revient à un changement dans la valeur de y, il faudrait chercher les valeurs de x dans la supposition où s restant la même, y varie d'une quantité quelconque; mais on peut sans entrer dans le détail de ce calcul, y parvenir d'une manière très approchée, en observant que pour de petites variations, on peut regarder la valeur des cordes AC, $A'C'$ comme sensiblement proportionnelle à celle des arcs de chaînette

AC, A′C′ qu'elles soustendent; partant de là, la résolution des deux équations,

$$BC^2 = AC^2 - AB^2$$
$$BC'^2 = A'C'^2 - A'B^2,$$

donnera cette différence;

Si la distance   AB = 50
                   BC′ = 5
                   BC = 5,1

On trouvera en effectuant le calcul, et observant que AC = AC′, A′C′ = $(50)^2 + (51)^2 = 2526,01$.
A′B² = $2526,01 - (5)^2 = 2501,01$, dont la racine $50,011 =$ AB, nous indique qu'il faudra éloigner le point A d'environ onze millimètres, ou augmenter le rayon de la poulie de manière à produire cet allongement.

Note 14, *page* 41.

Pour chercher la limite des différences qui peuvent exister entre les longueurs des fils dans la confection des câbles, nous supposerons que l'on emploie du fil de fer qui peut soutenir 500 kilog., son poids étant de 68 grammes le mètre; un fil de 33 mètres pèsera 2,25; un seul homme en le tendant sur les poulies, et déployant une force de 15 kilog., lui procurera une courbure dont la flèche x sera exprimée à peu de chose près par $\frac{33}{8x} \times 2,25 = 15$, $x = 0,62$; il sera facile dans cet état d'égaliser les diverses révolutions de manière à ce qu'elles ne se dépassent les unes les autres au plus que de 0,30 mètres. Il ne s'agit donc que de calculer quelle est la différence de longueur entre les fils qui peut résulter de cette différence dans la flèche, et voir si elle est dans la limite des erreurs que l'on peut négliger.

Cette recherche revient à déterminer ce que devient s, lorsque y restant la même longueur de x, devient successivement $x = 0,62$, $x = 0,92$. Le calcul effectué donne pour le premier cas, $s = 16,5153$, et pour le second, $S' = 16,5340$. La différence $0,0187$ entre ces deux valeurs égale $\frac{1}{900}$ de la longueur totale, n'est encore que le cinquième environ de l'allongement que peut prendre un fil de fer sans perdre de sa force, et l'on voit facilement que l'on pourrait, avec un peu d'attention, mettre une précision dans cette opération qui rendrait la différence de moins d'un dix millième.

Note 15, *page* 43.

Je sens que le mode que je propose est sujet à quelques inconvéniens ; mais dans un objet nouveau, où l'on ne saurait trop multiplier les précautions jusqu'à ce que l'expérience ait démontré jusqu'à quel point on pouvait se fier aux calculs, je regarde comme indispensable de faire l'essai des câbles en fer comme je l'ai indiqué ; ce qui donnera la facilité de mesurer les cordes verticales. Il semble au premier aperçu que le calcul des ordonnées pourrait être appliqué à cette recherche ; mais il faut observer que la courbe funiculaire est toujours modifiée par le poids du plancher, qui pour chaque point est proportionnel au rapport de sa tangente à celle des câbles dans le point correspondant ; et qui par conséquent ne la chargerait également qu'autant qu'il serait assujetti à avoir la même courbure qu'elle.

Comme la détermination de la longueur de ces lignes demanderait une recherche analytique fort délicate, et sortirait absolument du but que je me suis proposé, je me dispenserai d'y entrer; je ferai seulement observer que lorsque le plancher est en ligne droite, la tangente de chacun de ses points devenant égale à la distance de ce point à l'origine des coordonnées, on peut substituer la valeur de l'abscisse à cette dernière; ce qui donne pour le rapport de la charge de chacun des points $\frac{y}{T}$; si donc on représente par l'unité la charge au point D (*Fig. XIX*), où ce rapport est égal à 1, elle deviendra $\frac{AS}{AT}$ pour un point quelconque B. Mais comme la déflexion de la courbe pour un poids donné est plus grande à mesure qu'on s'éloigne des points C, E dans un rapport qui suit une loi particulière, il s'ensuit qu'il existera une minima de déflexion entre chacun des points CD, ED, qui occasionnera une inflexion EHDIG, telle qu'on l'a observée au pont de Dryburgh en Angleterre. (*a*)

Note 16, *page* 43.

Pour s'assurer que les variations dues à la température sont dans la limite de celles que l'on peut négliger, nous observerons que le fer, suivant Smeaton, se dilate de 0,0000126 par chaque degré du thermomètre centigrade. Supposons le pont construit par une température de + 10; une variation de 20°, tant en dessus

---

(*a*) *Bibliothèque universelle*, novembre 1822, page 202.

qu'en dessous de ce terme, portera cette fraction à 0,000252. Pour voir quel sera l'abaissement ou l'élévation qui pourra en résulter dans le plancher du pont, supposons, comme dans la note 4,

$$y = 50$$
$$x = 10$$
$$s = 51,3086$$

la valeur de S' deviendra

$$51,3086 + 51,3086 \times 0,000252 = 51,3215.$$

Substituant cette valeur dans celle de la chaînette, celles de C et de x deviennent $C' = 126,013$, $x' = 10,05$, c'est-à-dire qu'une variation de 20° en occasionnera une dans la longueur des cordes de 0,0129 mètre, et dans la hauteur du plancher de 0,05.

Si l'on avait pris à la place des arcs S, S' les cordes qui les soustendent, on serait parvenu à un résultat assez approché pour de petites variations. En effet, le calcul effectué donne

corde $S = \sqrt{x^2 + y^2} = 50,9902$,
corde $S' = 50,9902 + 50,9902 \times 0,000252 = 51,0030$
$x' = \sqrt{(51,0030)^2 - (50)^2} = 10,065$.

Note 17, *page* 44.

Les amarres des culées, faisant suite aux câbles en fer qui soutiennent le pont, seront assujetties, en vertu de leur propre poids et de leur inclinaison à la verticale, à former comme eux un arc de chaînette qui, quoique très rapproché de la ligne droite, sera sujet à varier de forme à mesure que la charge du pont augmentera ou diminuera. Mais comme leur longueur ne peut varier, il s'ensuit que si les points sur lesquels elles portent sont fixes, il y aura frottement dans la partie qui les unit; inconvénient qui n'aura pas lieu lorsque l'amarre étant verticale réduit à o l'une des deux conditions nécessaires à l'existence de la courbe.

Note 18, *page* 50.

Soit n le nombre des brins de la corde verticale, n' celui de la corde destinée à empêcher de glisser le long des câbles en fer, il est évident qu'en décomposant la force de n, représentée par AD, suivant la tangente AE et la normale AF, n' sera proportionnel à la composante dans la direction de la tangente : nous aurons donc (*Fig. XX*) $n : \mathrm{AD} :: n' : \mathrm{AE}$, $n' = n \times \dfrac{\mathrm{AE}}{\mathrm{AD}} =$

$n \times \dfrac{\mathrm{ST}}{\mathrm{AT}} = n \times \dfrac{\mathrm{ST}}{\sqrt{y^2 + \mathrm{ST}^2}} = \dfrac{n}{\sqrt{1 + \dfrac{y^2}{\mathrm{ST}^2}}}$

Note 19, *page* 51.

Soit GHIK, le système d'amarres pour calculer, en le supposant inflexible, la force qu'il doit avoir pour empêcher les points I et H (*Fig. XX*) de se déranger de leurs positions, nous décomposerons la force P qui agit dans la direction PI, en deux autres, l'une suivant HI, l'autre suivant KI, et formant le parallélogramme LIMN, nous aurons

$$\mathrm{IK} = \mathrm{P} \times \frac{\mathrm{IM}}{\mathrm{IN}}$$

$$\mathrm{IH} = \mathrm{P} \times \frac{\mathrm{IL}}{\mathrm{IN}}$$

Note 20, *page* 52.

Moyenne des expériences faites par Buffon sur la résistance des bois de chêne chargés horizontalement.

Équarissage.		\multicolumn{8}{c}{Longueurs.}							
		7	8	9	10	12	14	16	18	20
pouces.	livres.									
4 sur 4		5312	4550	4025	3612	2987				
5	5	11525	9787	8308	7125	6075	5100	4350	3700	3225
6	6	18950	15525	13150	11250	9100	7475	6363	5562	4950
7	7	32200	26050	22350	19475	16175	13225	11000	9425	8275
8	8	47875	39750	32800	27750	23450	27750	23450	16200	11485

FIN.

TABLE.

A M. Becquey, conseiller d'état............ page	v
Avis...	vij
Préface..	1
Chapitre premier. Origine et propagation des ponts suspendus................................	5
Chap. II. Conditions générales des ponts suspendus...	10
Chap. III. Des culées................................	20
I. Des amarres en fer.........................	21
II. Culées en maçonnerie......................	26
III. Des palées en bois........................	31
Chap. IV. De la suspension du pont.................	34
I. Des câbles en fer...........................	36
II. Des supports et cadres de tension.........	43
III. Amarres des culées........................	45
Chap. V. Des cordes verticales des parapets, et des amarres inférieures du pont...............	49
Chap. V. Des planchers............................	52
Note 1...	57
— 2...	ib.
— 3...	84
— 4...	86
— 5...	88
— 6...	90
— 7...	92
— 8...	94
— 9...	95
— 10..	96
— 11..	ib.
— 12..	97
— 13..	ib.
— 14..	98
— 15..	99
— 16..	100
— 17..	101
— 18..	102
— 19..	ib.
— 20..	103

FIN DE LA TABLE.

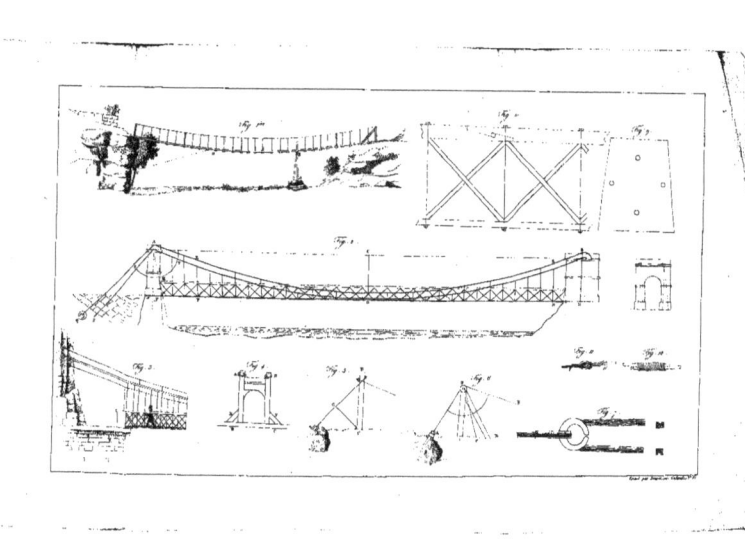

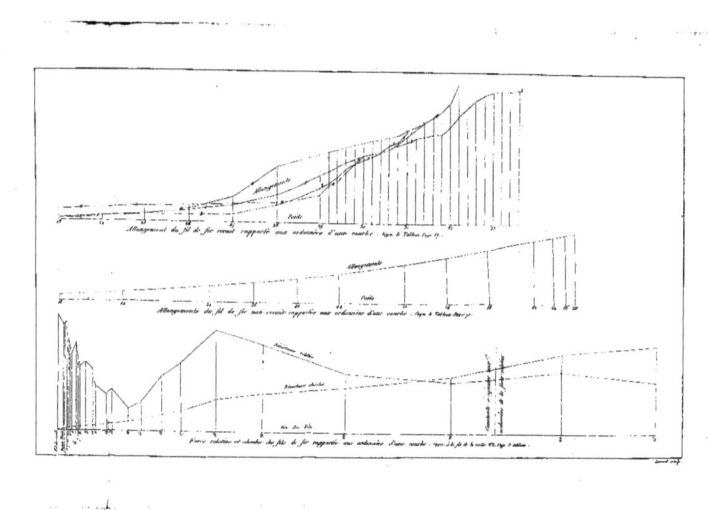

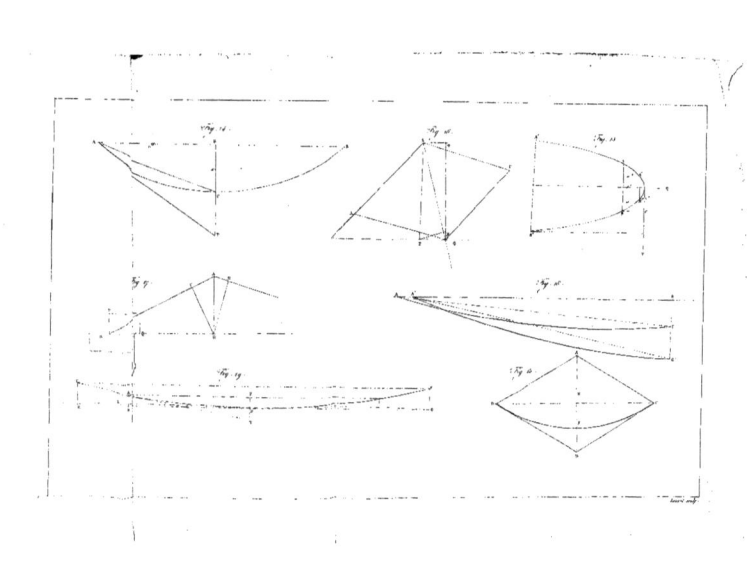

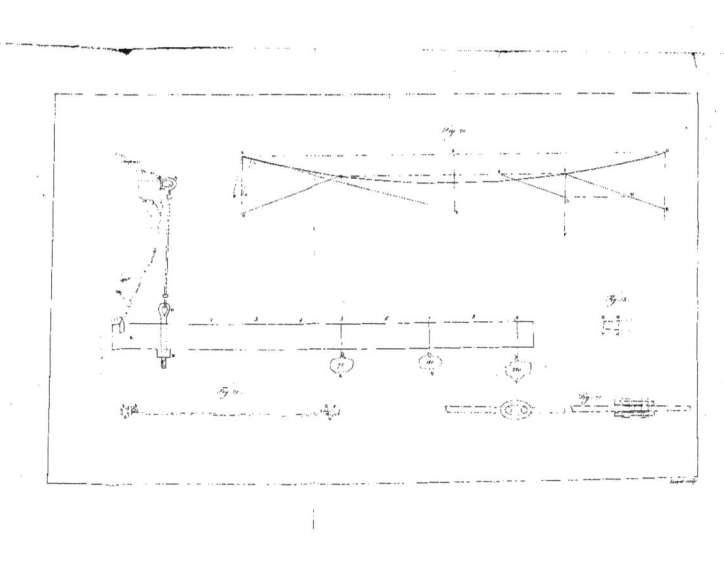

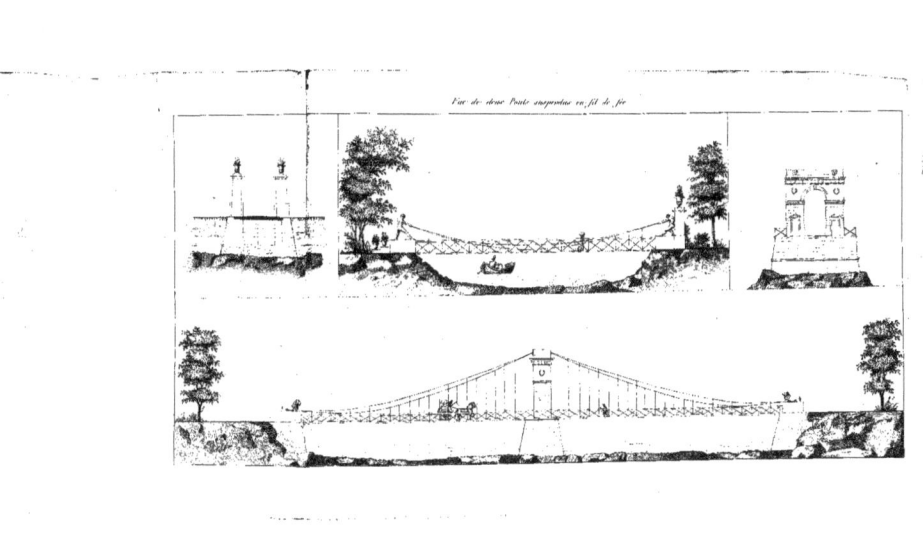
Vue de deux Ponts suspendus en fil de fer

www.ingramcontent.com/pod-product-compliance
Lightning Source LLC
Chambersburg PA
CBHW070511100426
42743CB00010B/1804